宇宙的
歷史與觀測

看漫畫學宇宙知識！

COSMOS

秋本祐希／文・漫畫・插畫
黃品玟／譯

從雲朵之上、從山體之中觀看宇宙

阿昴在
好高的地方
觀看宇宙呢！
標高4100m的地方
超級神岡探測器
不也在很深的地底下
做實驗嗎？
地底下1000m
的地方
那麼，
妳怎麼會
特地來到
夏威夷？
我來度假的！
開玩笑的…
我想請你教我
宇宙的歷史。
宇宙有138億
年的歷史！
真是太棒了…！
沒錯…！
就我所知的
範圍…

在宇宙放晴之後的宇宙

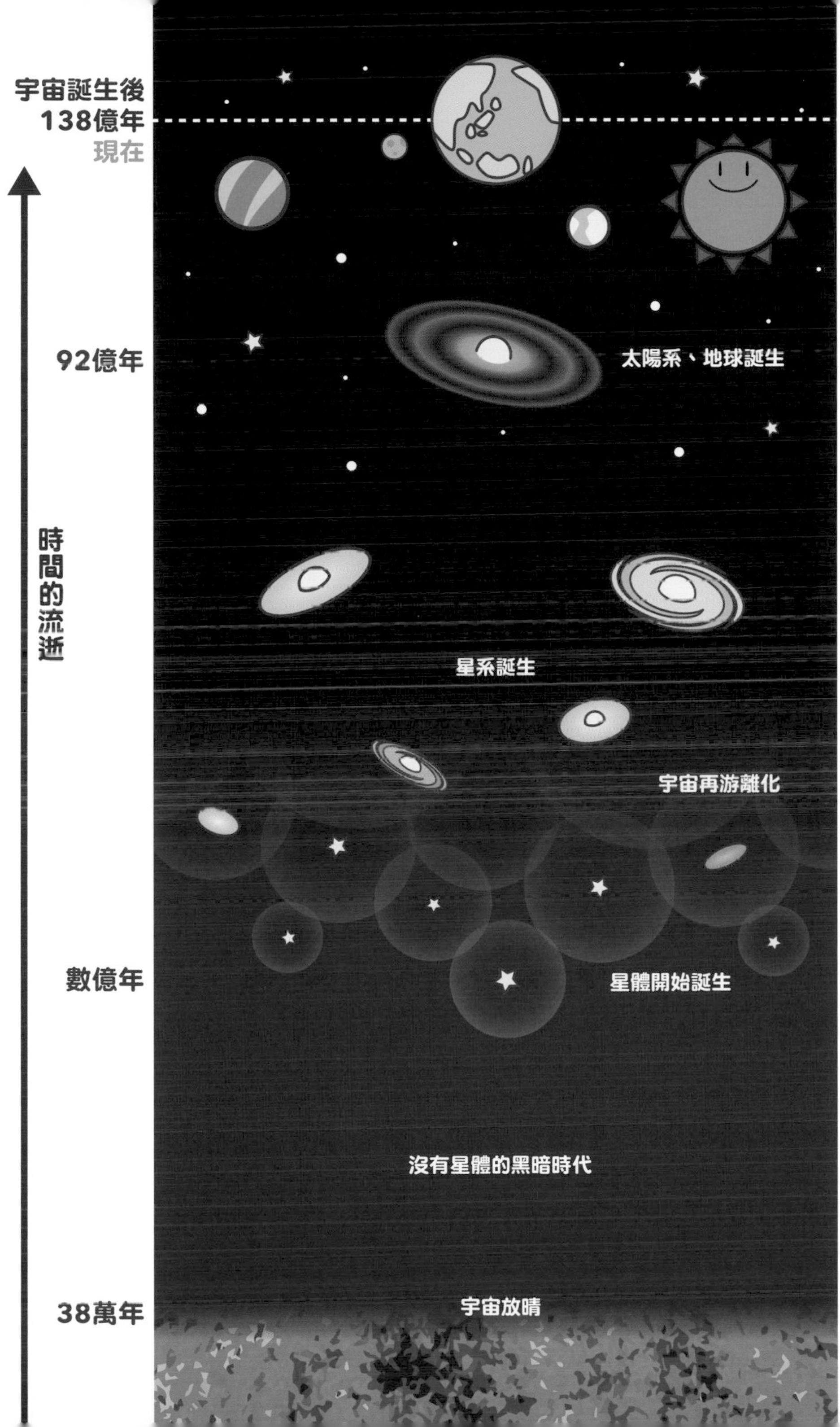
宇宙誕生後
138億年
現在
時間的流逝
92億年
太陽系、地球誕生
星系誕生
宇宙再游離化
數億年
星體開始誕生
沒有星體的黑暗時代
38萬年
宇宙放晴

而
能用光
直接看到的
宇宙歷史，
透過光可見
宇宙放晴
透過光看不見
就只有這個
宇宙放晴的現象
之後而已。
有點
不甘心呢！
不要緊！
在那之前的事
就由我來
告訴大家吧！
超級神岡
探測器？
因為剛誕生的宇宙，
和粒子物理學
有很密切的關係呢！
就交給很了解
基本粒子的我吧！
要和超新星爆發一樣
一口氣說明下去囉！

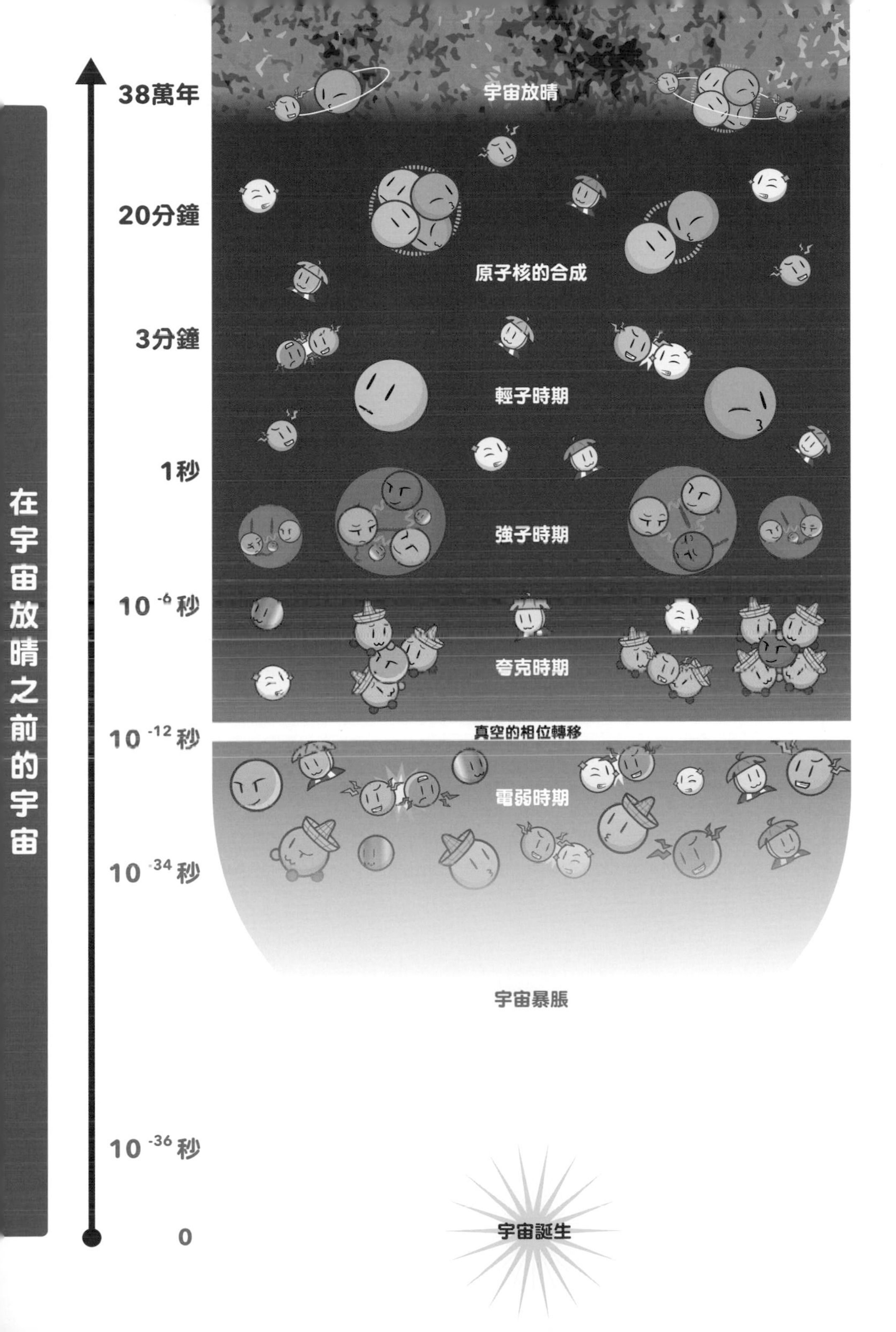
在宇宙放晴之前的宇宙
38萬年
宇宙放晴
20分鐘
原子核的合成
3分鐘
輕子時期
1秒
強子時期
10^{-6}秒
夸克時期
10^{-12}秒
真空的相位轉移
電弱時期
10^{-34}秒
宇宙暴脹
10^{-36}秒
0
宇宙誕生

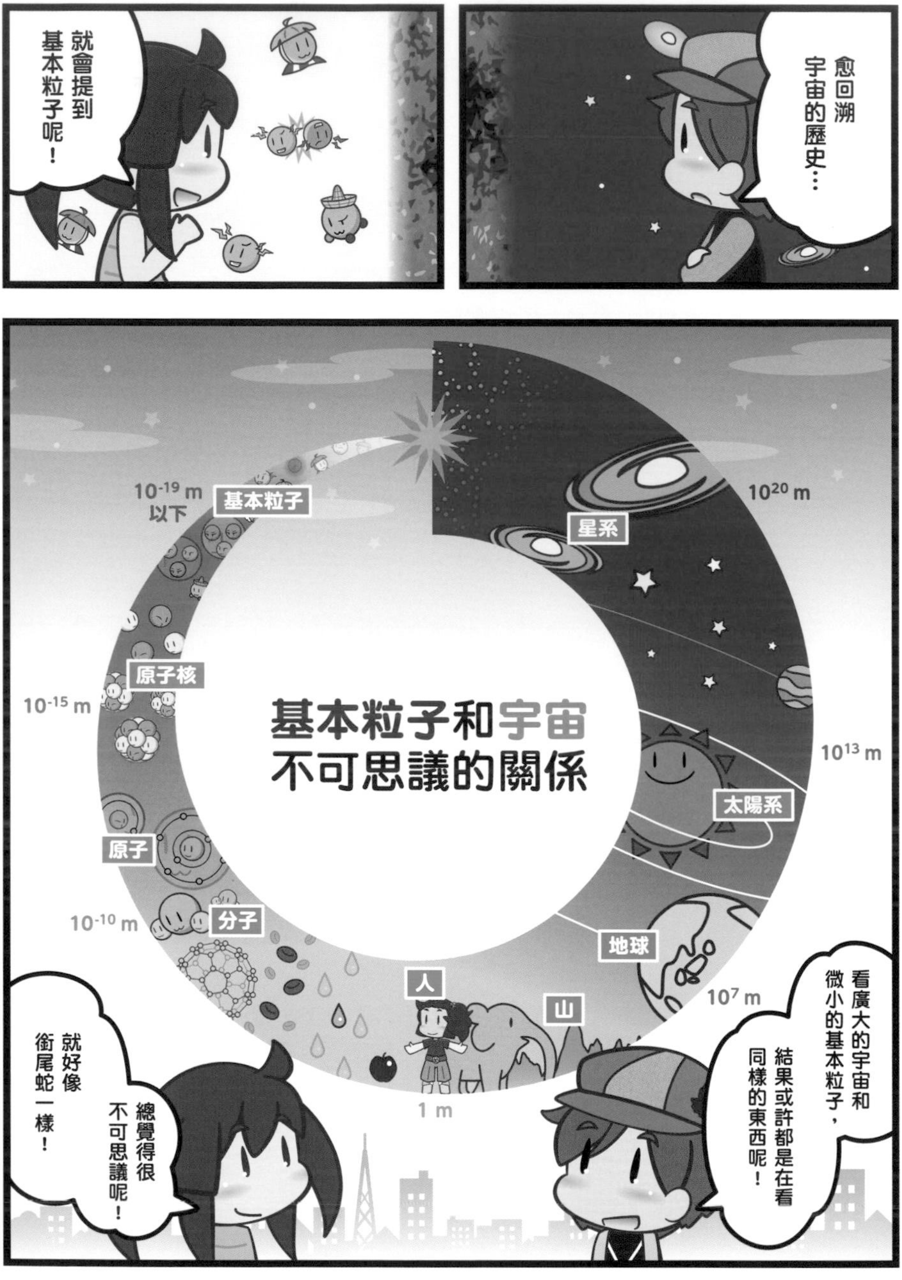
愈回溯宇宙的歷史…
就會提到基本粒子呢！
基本粒子和宇宙
不可思議的關係
10^{20} m
星系
10^{13} m
太陽系
地球
10^{7} m
山
人
1 m
分子
10^{-10} m
原子
10^{-15} m
原子核
10^{-19} m 以下
基本粒子
看廣大的宇宙和微小的基本粒子，結果或許都是在看同樣的東西呢！
總覺得很不可思議呢！
就好像銜尾蛇一樣！

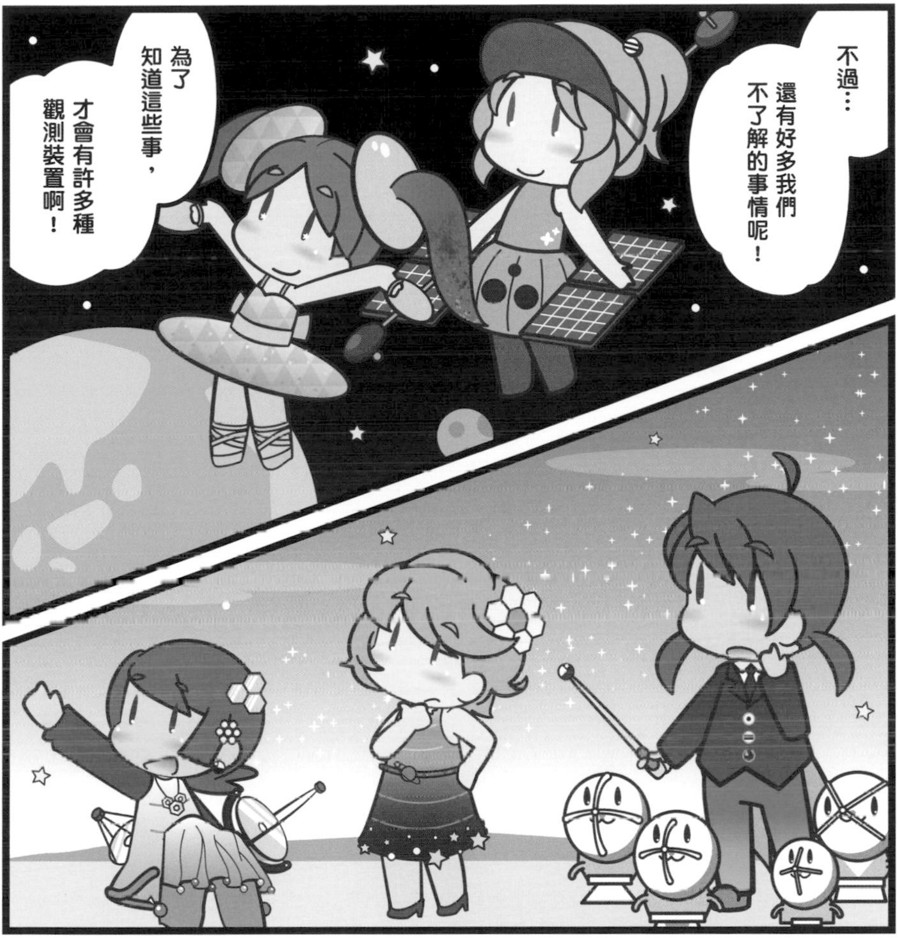

一起來看
宇宙的歷史吧！

目錄

第2部 用驚奇的設施回顧宇宙 087

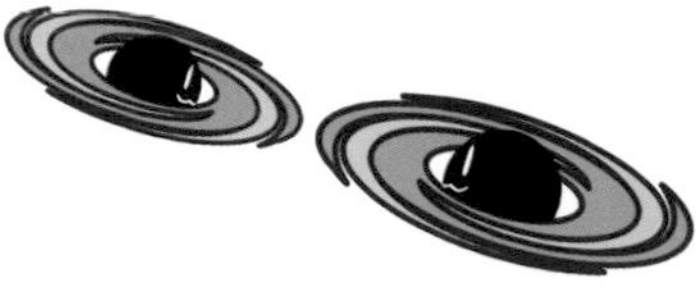

第1部

從宇宙的開始到我們的時代

在138億年的宇宙歷史中，「宇宙放晴」前後的模樣以及觀測的方法都相差甚遠。首先簡單說明基本粒子的知識當作預習，接著快速回顧宇宙的歷史吧！

什麼是物質的根本——基本粒子？

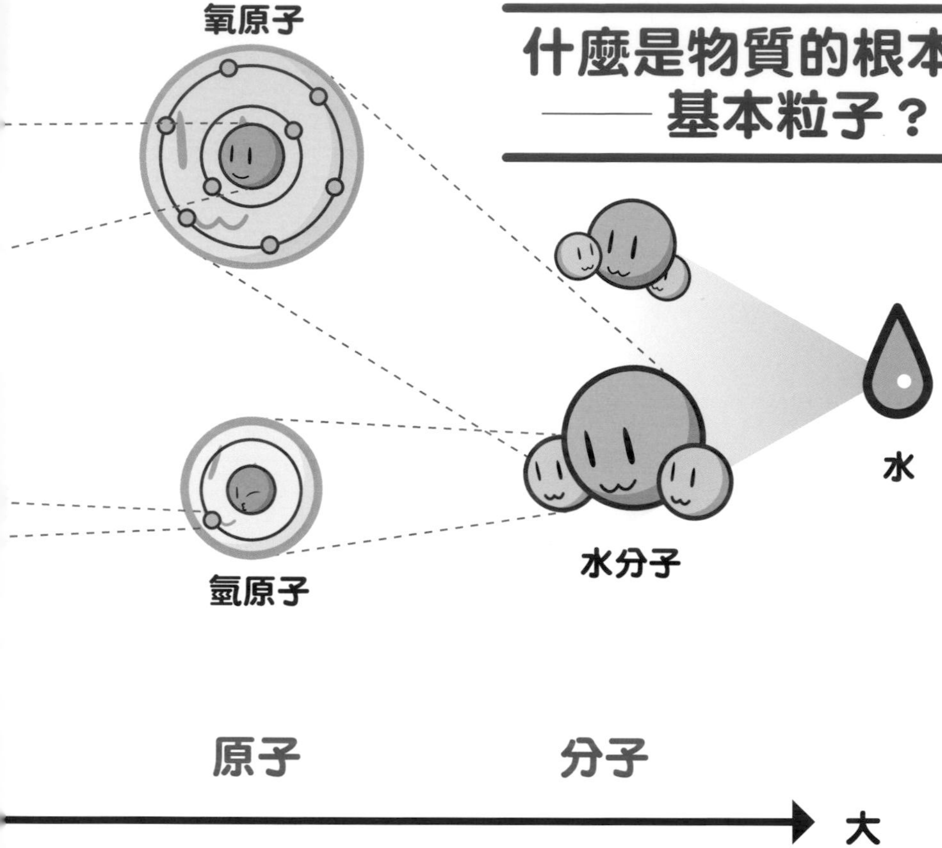

所有的物質都是經由碰撞形成！

或許有的讀者會覺得「我翻開這本書是為了閱讀宇宙的故事，結果卻突然提到基本粒子，這種困難的物理我完全不行」。但其實，宇宙和基本粒子之間有著密不可分的關係。而且基本粒子一點都不困難，就只是「細看物質之後，最後出現的最小粒子」並且「有相當多的種類」而已。

就算是不喜歡物理的人，我想在日常生活也有機會聽到分子或原子吧？分子或原子也只是「細看物質之後，途中出現的微小粒子」的其中之一而已。

譬如水，不但大量存在於我們的身邊，甚至是組成我們身體大部

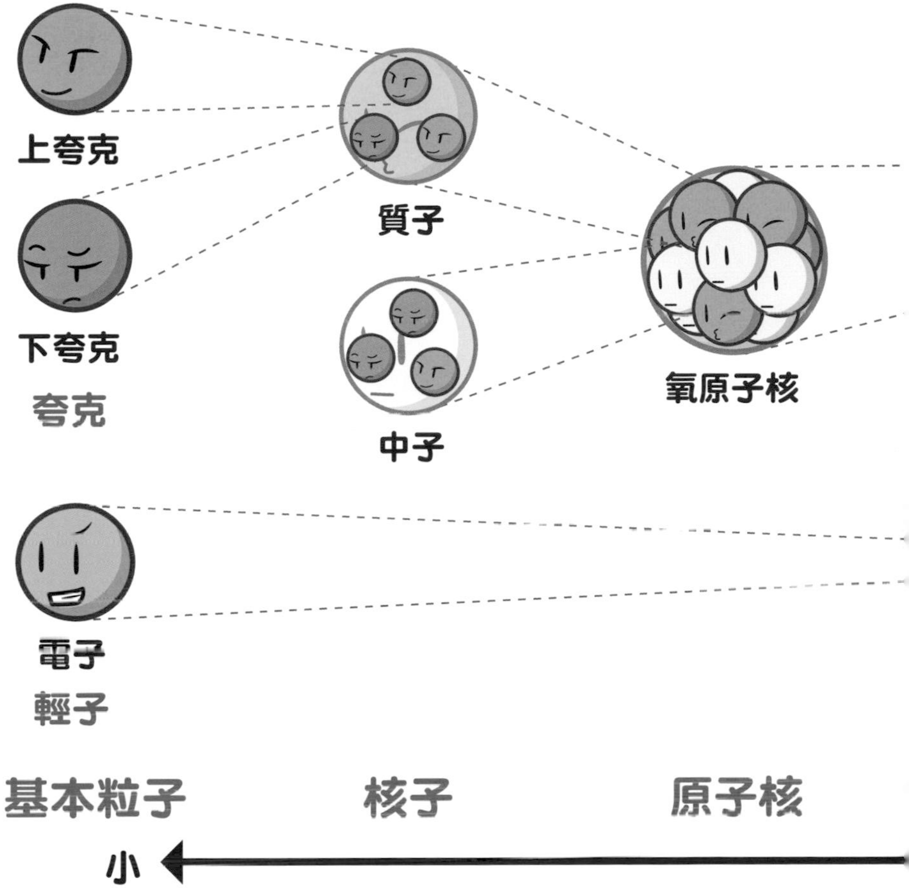
上夸克
下夸克
夸克
質子
中子
氧原子核
電子
輕子
基本粒子
核子
原子核
小

分的成分。水是由大量叫做水分子的粒子聚集而成。若要說明這個「大量」實際上有多少，每1cc的水是由30×1000萬×1000萬×1000萬個水分子聚集而成，數字0的數量多到算起來很麻煩的程度。

而且，只要仔細看水分子就能知道，水分子是由名為氧原子的一個粒子，和名為氫原子的兩個粒子，總共三個粒子結合而成。這個世界是由超過一百種各式各樣的原子，組合成各種形狀形成的。

不過，如果說這個原子是「最小的粒子」卻又不是這麼回事。只要試著仔細觀察原子就能得知，原子是由名為原子核且帶正電的粒子以及在其周圍旋轉、名為電子且帶負電的粒子結合而成。

夸克
u
上夸克
（up quark）
c
魅夸克
（charm quark）
t
頂夸克
（top quark）
d
下夸克
（down quark）
s
奇夸克
（strange quark）
b
底夸克
（bottom quark）

輕子
e⁻
電子
（electron）
μ⁻
緲子
（muon）
τ⁻
陶子
（tauon）
νe
電微中子
νμ
緲微中子
ντ
陶微中子

而這個原子核是由名為質子且帶正電的粒子，以及名為中子且不帶電的粒子聚集而成。原子的種類是由質子、中子以及在周圍旋轉的電子數量決定的。

而質子和中子，分別是由三個名為上夸克、下夸克的粒子組成。順道一提，質子是由兩個上夸克和一個下夸克組成，中子則是由一個上夸克和兩個下夸克組成。

這些叫做上夸克、下夸克的夸克以及電子，才是「細看物質之後最後出現的最小粒子」，也就是基本粒子。

將基本粒子結合在一起，傳遞作用力的基本粒子

雖然水只含有三個種類的基本粒子，不過這個世界有六種夸克、

改變夸克和輕子種類的力量

弱力

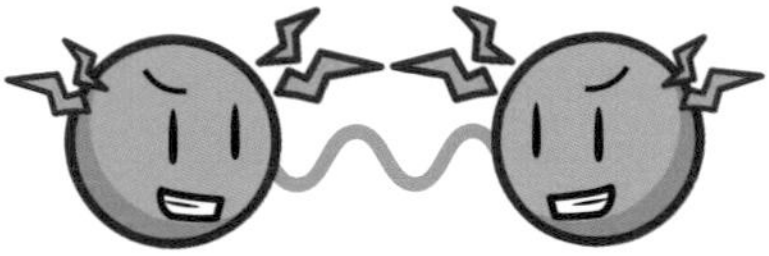

對帶電物質產生作用的力量

電磁力

結合夸克的力量形成原子核的力量

強力

牽引具有質量的物質的力量

重力

三種電子的同伴，以及三種分別與電子相伴的微中子（電子的同伴以及微中子統一叫做輕子）。這個世界的物質，就是由這十二種基本粒子構成的。

我們的世界雖然是由十二種基本粒子構成，但基本粒子如果光是這樣自由自在地隨意飛行，那世界就不會變得有趣了。要讓基本粒子互相結合，需要「力」的作用。而這個世界上共有四種這樣的力量，分別是對具有質量的基本粒子作用的重力、對帶電的基本粒子作用的電磁力、對夸克和輕子作用的弱力以及只對夸克作用的強力。有了這些複雜的作用力，才會形成我們的身體、地球以及宇宙。

當這四種力量要各自傳遞作用力時，就會用「某種粒子」產生交

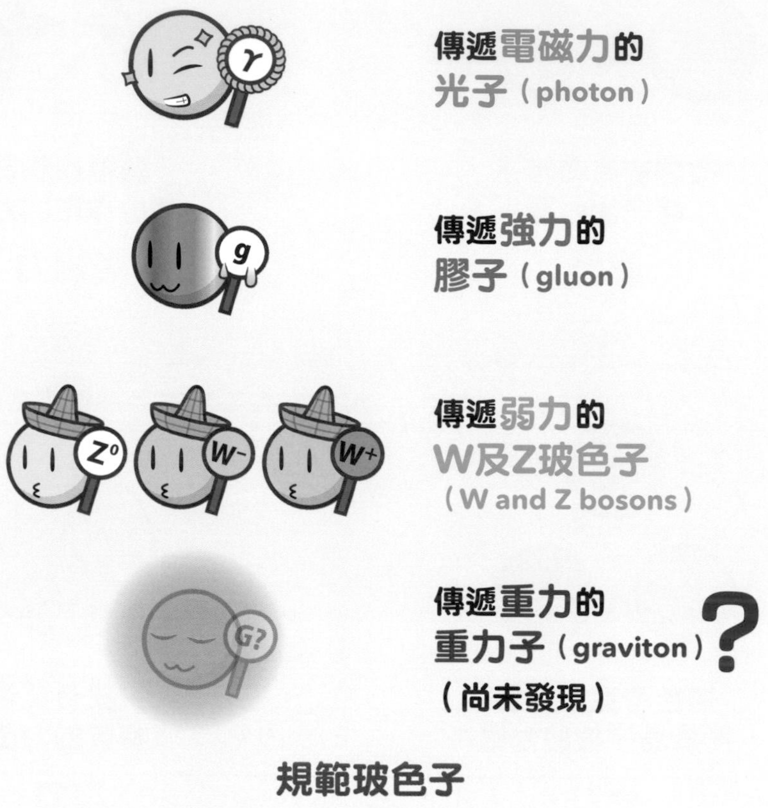
γ
傳遞電磁力的
光子（photon）
g
傳遞強力的
膠子（gluon）
Z⁰
W⁻
W⁺
傳遞弱力的
W及Z玻色子
（W and Z bosons）
G?
傳遞重力的
重力子（graviton）?
（尚未發現）
規範玻色子

互作用。這個「某種粒子」在基本粒子之間進行交互作用、傳遞作用力，有時還會改變基本粒子的狀態或種類。

這種讓基本粒子產生交互作用的「某種粒子」，叫做規範玻色子（Gauge boson），而這也是無法繼續細分下去的基本粒子。平時我們為了看東西所使用的光，也是稱為光子的基本粒子，能傳遞電磁力產生交互作用。

最喜歡質量的希格斯玻色子！

只要有形成物質的基本粒子和傳遞作用力的基本粒子，似乎就能夠構成我們的世界了，不過我們還需要另一個重要的粒子，那就是最近終於在實驗中被證實的希格斯玻

希格斯玻色子
會纏住
有質量的粒子

希格斯粒子

希格斯玻色子（Higgs boson）

色子。

　　希格斯玻色子會纏住有質量的基本粒子，使這些基本粒子難以自由移動。如果沒有希格斯玻色子，所有的基本粒子就會以光速四處飛行，無法變成現在這樣的世界了。

　　形成物質的夸克和輕子，傳遞強力、弱力和電磁力的規範玻色子，以及希格斯玻色子。有了這些粒子，就能夠清楚說明基本粒子領域中的許多現象，因此這一系列的理論就叫做標準模型（Standard model），現在已經成為粒子物理學的基礎了。

宇宙的開始

沒有人能夠回答宇宙是如何誕生的

0

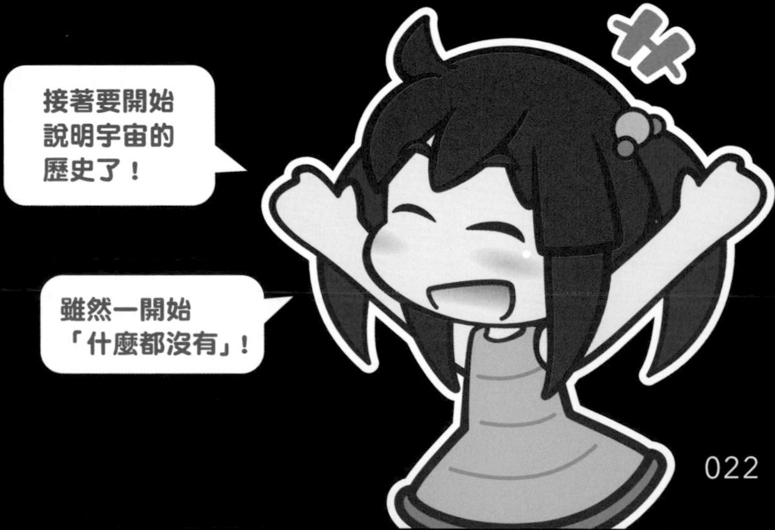
接著要開始
說明宇宙的
歷史了！
雖然一開始
「什麼都沒有」！

時間誕生之前的故事

我們的宇宙是從何誕生，又是如何誕生的呢？很可惜，這個所有人都想知道答案的疑問，沒有人知道答案是什麼。在我們所存在的這個宇宙誕生之前，我們所能感知的時間和空間都不存在，因此根本就無法以「比宇宙誕生的時間更早」這種方式來思考。

在說明宇宙的歷史時，我們經常會用一根軸表示時間的流逝，另一根軸表示空間的大小來做成說明圖。右頁標題下方的插畫，右邊是宇宙剛誕生之際，而左邊是我們生活的現在，藉此簡單呈現出宇宙的歷史。

我們的世界是四次元？

次元是表示世界大小時所需要的數字。簡單來說就是「在那個世界會合時，所需要的資訊數量」。譬如，我們假設某種世界是在一根棒子上。要在這種世界會合時，只要說「我在你現在的所在位置往前〇公尺的地方！」就沒問題了。也就是說，會合時所需要的資訊只有一個，就是從基準點移動〇公尺，那麼棒子上的世界就是一次元。接著讓我們試著想像如果世界是一張攤平的紙，這麼一來就需要「我在你現在的所在位置往前〇公尺，往左〇公尺的地方！」兩個資訊，也就是二次元。那麼我們的世界又是什麼情況呢？只要有紙張上世界的資訊，加上關於高度的資訊，似乎就能順利會合了。但實際上打算會合的時候，除了這三個資訊以外，如果沒有「現在開始〇小時後」這類關於時間的資訊，那就傷腦筋了。也就是說我們的世界，是三次元的空間再加上一次元的時間，總計四次元所構成的世界。

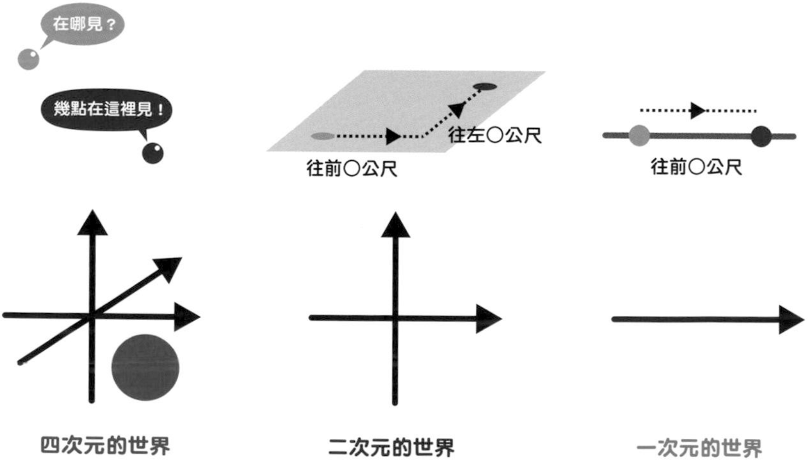
在哪兒？
幾點在這裡見！
往左〇公尺
往前〇公尺
往前〇公尺
四次元的世界
二次元的世界
一次元的世界

這個世界是幾次元？

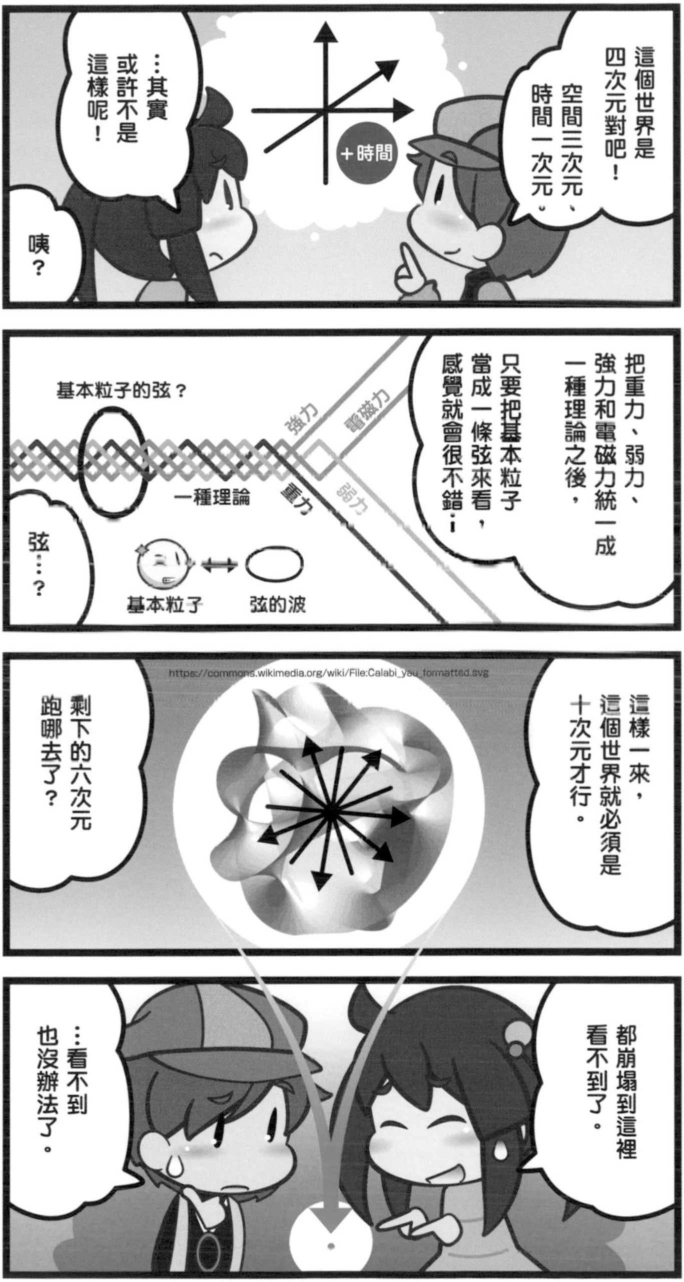
這個世界是四次元對吧！
空間三次元、時間一次元。
＋時間
…其實或許不是這樣呢！
咦？
把重力、弱力、強力和電磁力統一成一種理論之後，
只要把基本粒子當成一條弦來看，感覺就會很不錯！
電磁力
強力
弱力
重力
一種理論
基本粒子的弦？
弦…？
基本粒子
弦的波
https://commons.wikimedia.org/wiki/File:Calabi_yau_formatted.svg
這樣一來，這個世界就必須是十次元才行。
剩下的六次元跑哪去了？
都崩塌到這裡看不到了。
…看不到也沒辦法了。

將四種力統合成一種理論之後會更仔細地說明，這個理論就叫做「萬有理論」。

十次元的世界

就像乍看之下是一次元的棒子，仔細看會有三次元的構造般，或許這個宇宙也是十次元。

普朗克時期

粒子物理學中不成立的宇宙

0~10^{-43}秒

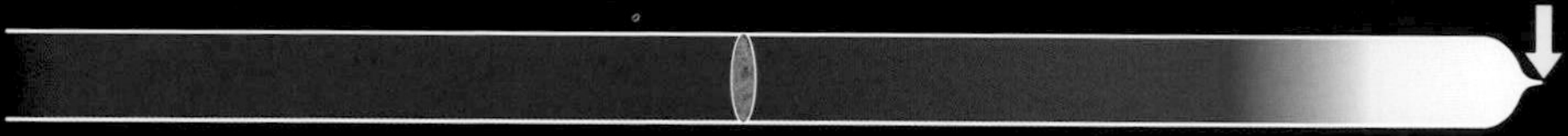

電磁力＋弱力＋強力＋重力

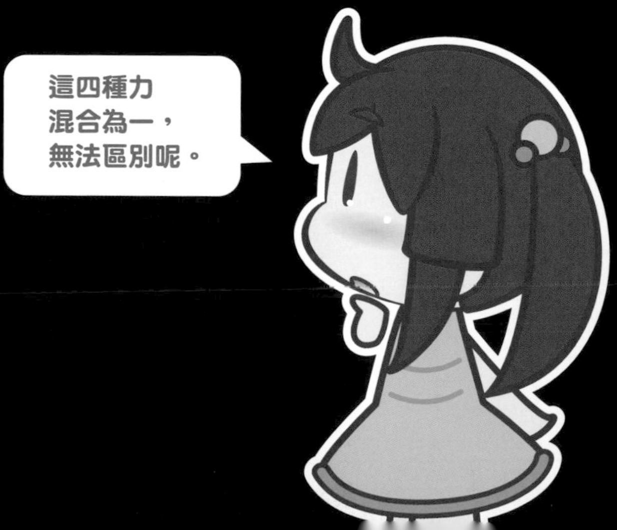
這四種力
混合為一，
無法區別呢。

因為剛誕生的宇宙超級小呢！

無法想像剛誕生的宇宙

從宇宙剛誕生的時候，到大約10的負43次方（0.000 000 000 000 000 000 000 000 000 000 000 000 000 000 000 1）秒內的時間稱為普朗克時期（Planck epoch）。普朗克時期的宇宙，在粒子物理學中幾乎無法推測。不過可以肯定的是普朗克時期的宇宙非常非常小，也非常非常熱。

另外，我們現在將電磁力、弱力、強力、重力這四種力視為完全不同的力量，不過一般認為，在普朗克時期這四種力是完全混合為一的，無法區分。

粒子物理學上非常重要的普朗克常數

粒子物理學上，有個叫做普朗克常數的重要數字。要說哪裡重要，就是普朗克常數決定了粒子物理學上最小的尺寸。也就是說「比根據普朗克常數所訂定的尺寸還要小的東西，在粒子物理學的世界就不需要思考了！」。舉例來說，根據普朗克常數決定的最小時間，稱為普朗克時間，大約是10的負43次方（0.000 000 000 000 000 000 000 000 000 000 000 000 000 000 1）秒。這個數字和普朗克時期的長度一樣對吧？也就是說普朗克時期，指的是從宇宙誕生後到普朗克時間為止，這段粒子物理學上無法推測的時期。某種意義上，或許也能稱為「粒子物理學誕生的時期」。另外，根據普朗克常數決定、稱為普朗克長度的最小長度，是10的負35次方（0.000 000 000 000 000 000 000 000 000 000 000 01）公尺，這就相當於普朗克時期的宇宙的大小。

普朗克時期的宇宙

普朗克時間

0.000 000 000 000 000 000 000 000 000 000 000 000 000 000 1 秒

普朗克長度

0.000 000 000 000 000 000 000 000 000 000 000 01 公尺

普朗克常數很重要！

普朗克長度
0.000 000 000 000 000 000 000 000 000 000 000 01公尺。

完全不清楚
期望能了解的日子快點到來，在一旁守護著粒子物理學的進步。

大一統時期

宇宙開始膨脹，只有重力分離出來的時期

10^{-43}~10^{-36}秒

電磁力＋弱力＋強力
重力
只有重力
變成別種力量了！

開始膨脹的宇宙

過了普朗克時期後，就輪到粒子物理學登場了。宇宙從這個時候開始膨脹。宇宙一膨脹，宇宙的溫度也會隨之降低，而這個冷卻的過程，也對基本粒子和四種力產生各種影響。

在開始冷卻的宇宙最先發生的事，就是重力從混合為一的四種力當中分離出來。雖然重力分離出來了，但剩下的電磁力、弱力、強力這三種力依然混合在一起。即使將這三種力合而為一的理論還尚未完成，一般仍稱為大一統理論。配合這點，這個時期就叫做大一統時期（Grand unification epoch）。

大一統理論及大一統時期

在粒子物理學中有電磁力、弱力、強力、重力這四種基本作用力，但一般認為，在非常非常高能量的狀態下，所有的作用力會混合為一、無法區分。也就是說，應該所有的力都能用一種理論來詮釋，而粒子物理學的理論物理學家們正不斷努力，試圖找出這種究極的力理論「萬有理論（Theory of Everything）」。在四種力當中，電磁力和弱力已經統合為一種力，即為電弱交互作用，這個理論就叫做電弱統一理論，或者依照訂定者們的名字稱之為Weinberg-Salam弱電理論。把強力也統合進去的理論——大一統理論的建構雖然也在進行當中，但至今仍未完成。

一般認為大一統時期處於電磁力、弱力、強力混合為一的高能量狀態，是能夠用大一統理論說明的時期。

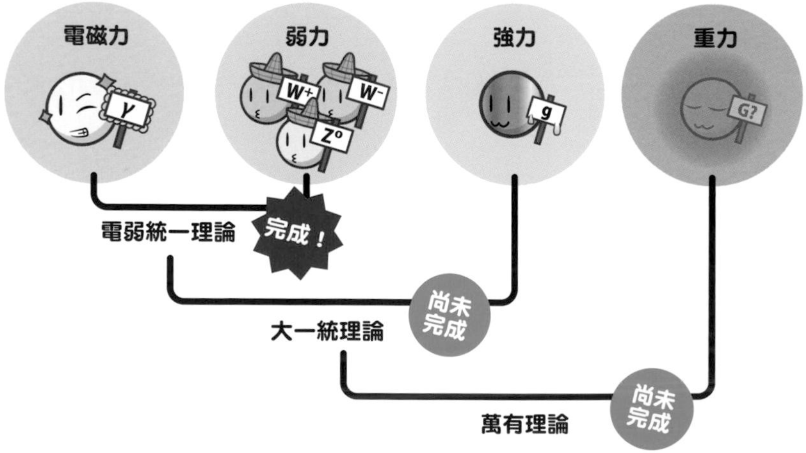

來統合四種力吧！

現在雖然是四種力，但原本只有一種。
所以，才努力尋找能統合四種力的理論呢。
電磁力
弱力
弱力和電磁力已經能用電弱統一理論說明了喔！
好酷喔！
強力
還有將強力也統合在一起的大一統理論！
因為是把統一理論加以統合後的理論，才叫大一統嗎？
重力
還有把重力也統合進去的萬有理論喔！
總覺得變成了很壯觀的話題呢！
萬有理論！

電弱統一理論
能夠統合並說明弱力和電磁力（電力和磁力）的理論。現已完成。

大一統理論和萬有理論
雖然大一統理論感覺馬上就要完成了，但萬有理論應該還得花上一些時間。

暴脹時期

宇宙以驚人的氣勢逐漸膨脹

10^{-36}~10^{-34}秒

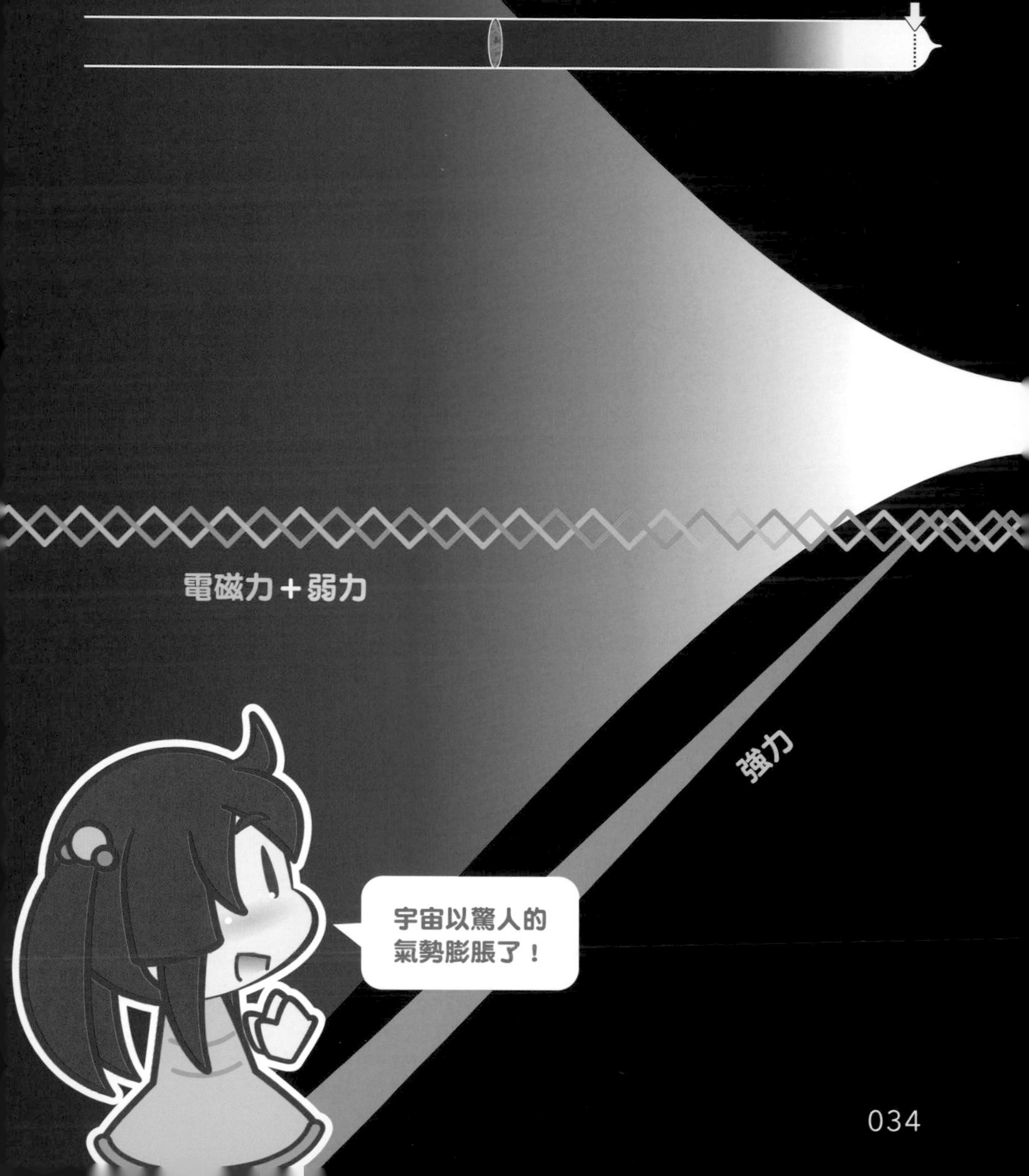
電磁力＋弱力
強力
宇宙以驚人的
氣勢膨脹了！

強力分離而出，
只剩下電磁力
和弱力了。

以驚人的氣勢膨脹的宇宙

宇宙誕生後10的負36次方秒之後，宇宙以彷彿超越光速的驚人速度逐漸膨脹。宇宙的大小，一口氣就擴大到多了好幾個0的程度。舉例來說，就好像原本只有原子核大小的宇宙，膨脹成我們的太陽系那麼大一樣。這種勢不可擋的膨脹，就稱為暴脹（Inflation）。

另外在這個時期，雖然強力會從大一統的三種力中分離，但一般也認為，這個強力與電弱力的分離和暴脹有關。

由於暴脹，宇宙一下變冷，一下又變熱

宇宙發生暴脹而劇烈地膨脹後，宇宙的溫度便急速降低。因為是以相當驚人的氣勢膨脹，所以也會以驚人的氣勢冷卻。剛暴脹之後的宇宙溫度，其實幾乎接近0度的狀態，這跟一般人認為剛誕生的宇宙非常熱的印象，或許不太一樣。

接著當這個暴脹結束之後，宇宙就會釋放一種叫做真空能量的能量。要說明這種能量並不容易，不過只要大約理解，由於宇宙狀態產生大幅度的變化，因此從什麼都沒有的地方散發出驚人的能量，這樣就沒問題了。這股驚人的能量，使得宇宙重新加熱，變成相當高溫的狀態，這個過程就稱為宇宙的再加熱。

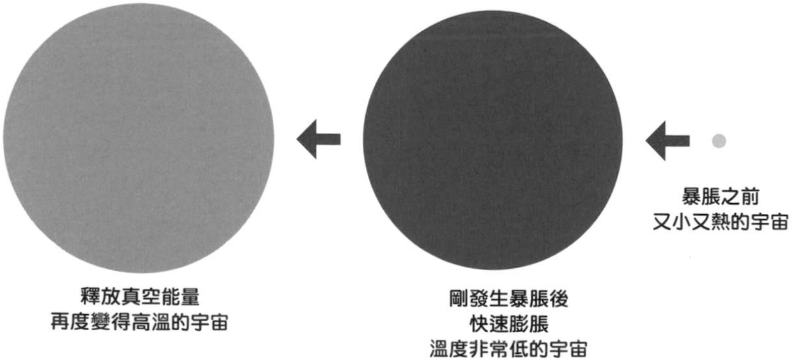
暴脹之前
又小又熱的宇宙
剛發生暴脹後
快速膨脹
溫度非常低的宇宙
釋放真空能量
再度變得高溫的宇宙

暴脹時很忙碌？

宇宙以驚人的氣勢膨脹

暴脹開始後，宇宙會以超過光速的速度膨脹。變得相當大。

來了來了…
仔~細看好囉！
好。

嗚哇！
宇宙以驚人的氣勢膨脹了！

先冷卻，再變熱

宇宙雖然會一度冷卻，不過釋放真空能量後，就會再度回到高溫的狀態。

咦？宇宙由於膨脹
而冷卻下來了…

才剛這麼想，
宇宙馬上又
快速地變熱…
怎麼會…
暴脹
很忙碌對吧？

電弱時期

充滿基本粒子，高溫且熱鬧的宇宙

10^{-34}～10^{-12}秒

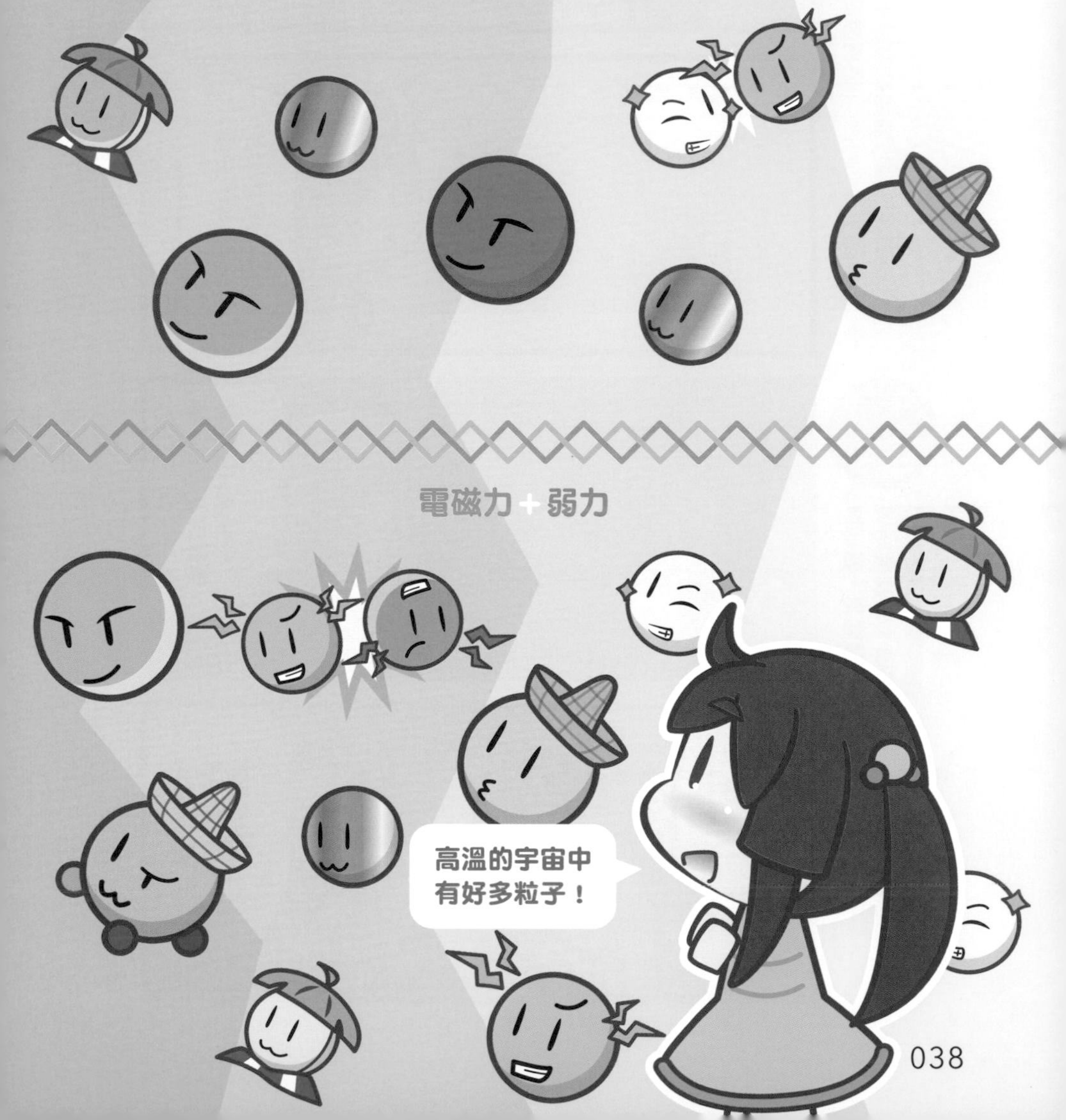
電磁力＋弱力
高溫的宇宙中有好多粒子！

這種狀態的宇宙
就叫做大霹靂。

宇宙是炎熱的火球，大霹靂！

暴脹結束後，宇宙因真空能量而重新升溫，高溫的宇宙利用這股能量，產生出夸克、輕子、光子或W及Z玻色子等大量粒子，這些粒子以光速四處飛行，變成相當熱鬧的狀態。這種高溫且充滿粒子狀態的宇宙，就叫做大霹靂。

這個時期的宇宙非常炎熱，因此電磁力和弱力混合為一，無法區別。而由於統合這兩種力的電弱統一理論已經完成，所以粒子物理學對於理解這個時期，發揮了莫大的作用。

從炎熱的宇宙誕生出粒子

這個世界是由夸克、輕子等基本粒子所組成，不過這些基本粒子有著一群「質量完全相同，帶電性質相反」的微妙相似存在。這些相反的相似粒子，就叫做反粒子。例如帶有負電荷的電子的反粒子，就是帶有正電荷的正電子（正子）。這個粒子和反粒子擁有碰撞後就會消滅變成能量，也就是湮滅（Annihilation）的性質；以及從高能量但是空無一物的地方誕生出粒子和反粒子，也就是成對產生（Pair production）的有趣性質。粒子消滅變成能量，或是能量創造出粒子，非常有科幻作品的感覺呢！

在電弱時期，利用炎熱宇宙的能量，許多的基本粒子因成對產生而誕生，也因湮滅而消失。

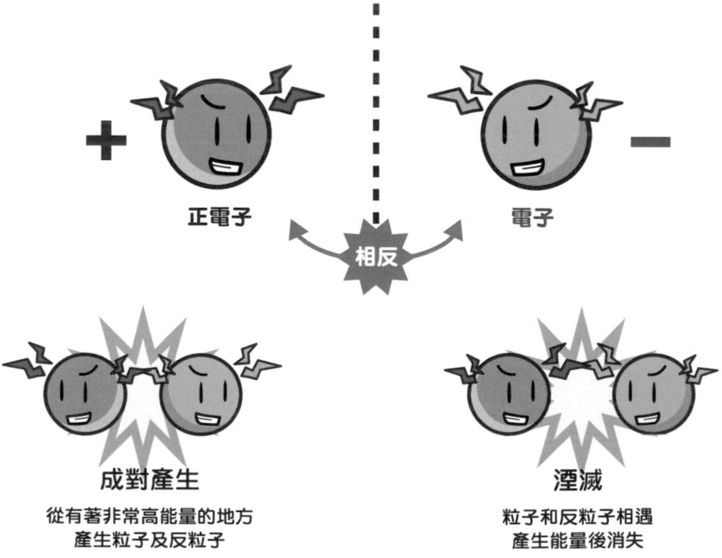
+
正電子
−
電子
相反
成對產生
從有著非常高能量的地方
產生粒子及反粒子
湮滅
粒子和反粒子相遇
產生能量後消失

電子？正電子？

正電子（正子）
電子的反粒子，帶有正電的基本粒子。由反粒子聚集起來形成的東西就是反物質。

平常反物質不存在的原因
雖然物質和反物質同樣都可以存在，但目前並不曉得這個世界幾乎都是物質的原因。

夸克時期

希格斯玻色子帶來質量的時期

10^{-12}～10^{-6}秒

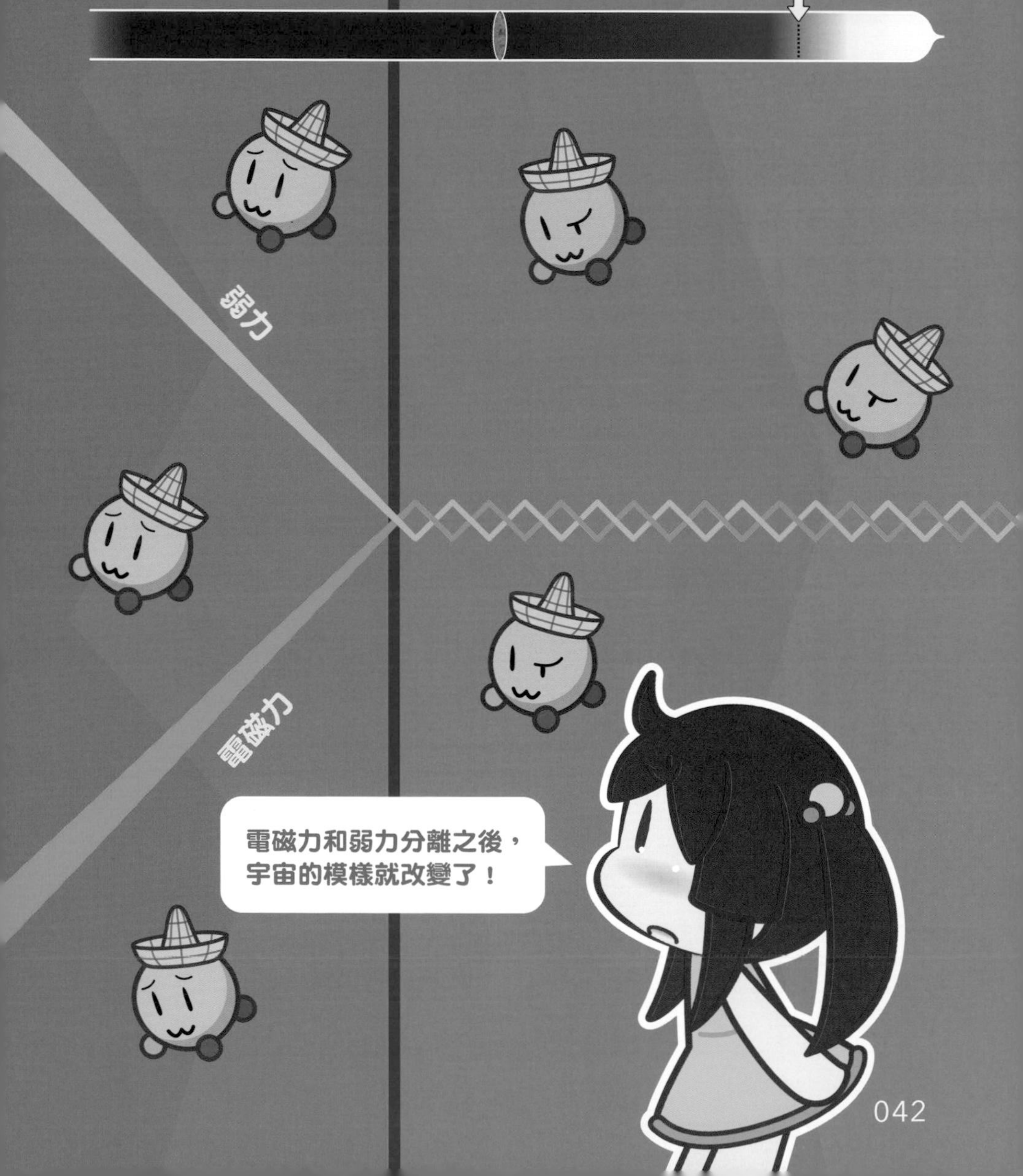
弱力
電磁力
電磁力和弱力分離之後，
宇宙的模樣就改變了！

希格斯玻色子
和其他粒子
黏在一起了！

宇宙變得無法用光速移動

當宇宙誕生後經過約1兆分之1秒左右，宇宙的溫度也下降到1000兆度左右時，電磁力和弱力終於分離了，此時世界的模樣大幅發生變化。以往什麼也不做的希格斯玻色子性質發生改變，開始去糾纏其他粒子。由於希格斯玻色子的糾纏，使得夸克和輕子這類擁有質量的粒子，變得無法以光速四處飛行。

希格斯玻色子變得愛撒嬌！

要說明夸克時期的開始，就必須先理解希格斯玻色子的性格。到電弱時期為止，希格斯玻色子會和帶有質量的粒子結合、分離，但並不會影響這些粒子的行動。然而當宇宙的溫度下降到1000兆度，以往因電弱交互作用而無法區別的電磁力和弱力分離後，希格斯玻色子的性格便大幅改變，開始會糾纏帶有質量的粒子。

被希格斯玻色子緊密纏住的粒子，會變得難以改變運動的狀態。如果要快速移動，就必須從其他地方吸收能量；如果要放慢速度，就必須釋放一些能量到其他地方。順道一提，粒子的質量愈大，就愈容易被希格斯玻色子喜歡。而光子由於沒有質量，不受到希格斯玻色子的青睞，因此依然能以光速移動。

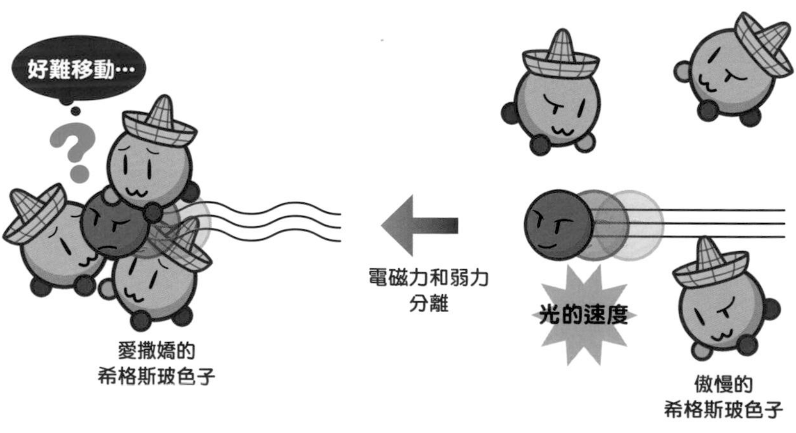

希格斯玻色子愛撒嬌？

宇宙的相變
指的是宇宙以某個溫度為界，狀態產生了大幅的變化。

無法以光速移動
質量愈大，就會愈受到希格斯玻色子的喜愛而變得難以移動。

強子時期

夸克消失，質子和中子誕生

10^{-6}秒～1秒

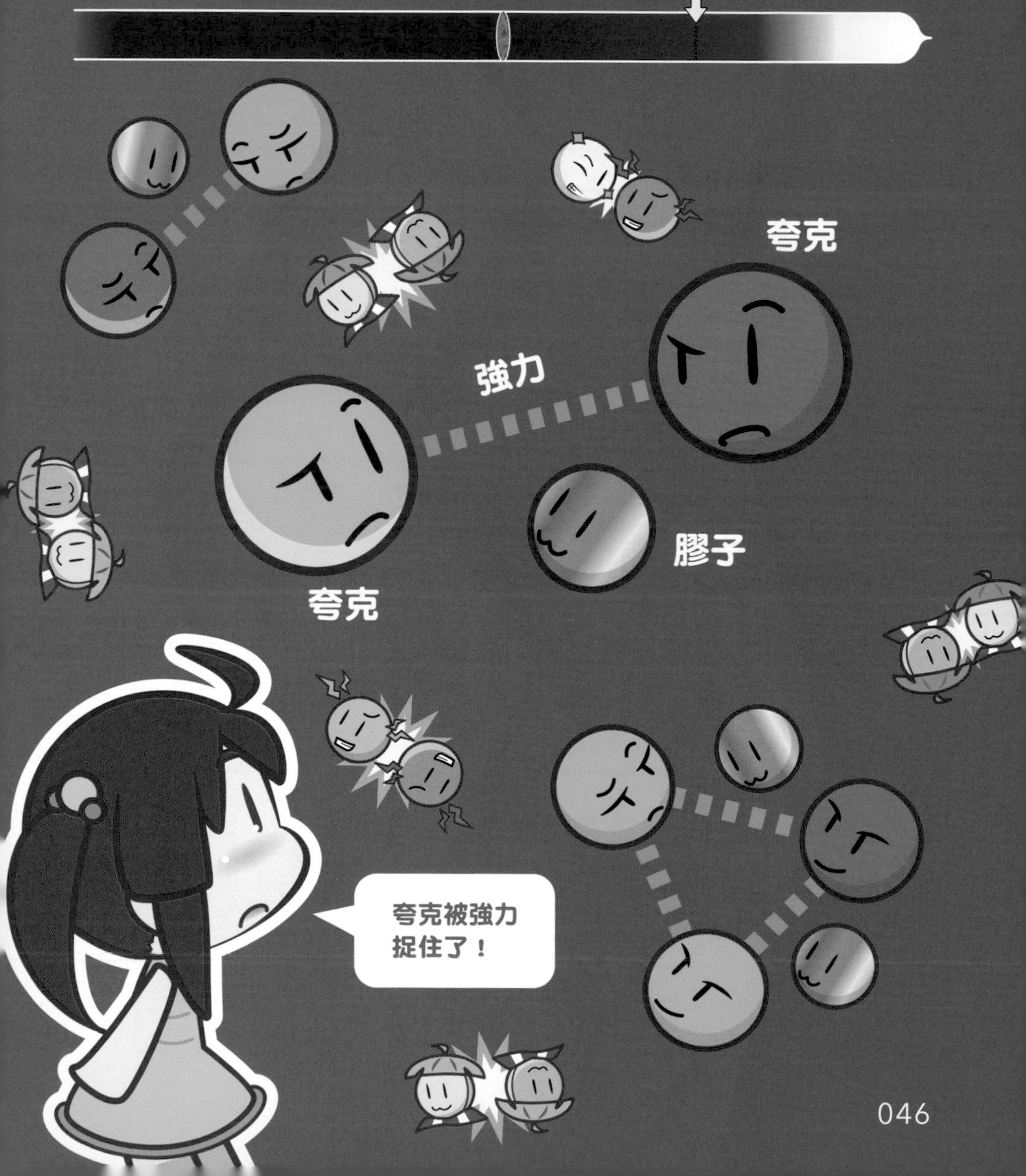
夸克
強力
膠子
夸克
夸克被強力
捉住了！

質子
中子
π介子
因強力而
聚在一起的夸克群
就叫做強子喔！

強力束縛了夸克！

進入這個時期後，宇宙的溫度冷卻到1兆度左右，以往自由四處飛行的夸克也出現變化。夸克四處飛行的力量，輸給了將夸克們強硬束縛在一起的強力。夸克再也不能四散於各處，進入到夸克被強力束縛的時期。夸克被強力抓住後，如質子、中子等重子，以及π介子等介子——也就是強子就誕生了。反夸克雖然也同樣形成了反重子的反質子和反中子，不過卻和一般的質子或中子發生湮滅，結果只剩下一般的質子和中子。

強力、膠子和三種顏色

四種作用力之一的強力，會以相當強大的力量讓夸克與夸克結合。而發揮這股強作用力、扮演著重要角色的，就是叫做膠子的粒子。強力藉由膠子在夸克和夸克之間產生交互作用，打個比方，膠子就像是將夸克黏在一起的接著劑一樣。

強力本身的規則有點特殊。就和光的三原色（混合紅光、藍光、綠光就會變成白光）一樣，夸克也有紅色、藍色、綠色三種「顏色」的其中一種。如此一來，為了讓這種「顏色」變成白色，強力會對夸克產生作用。譬如，質子是由兩個上夸克和一個下夸克組成，而為了讓質子變成白色，這些夸克的顏色一定會是紅色、藍色、綠色（並沒有決定哪種顏色是下夸克）。

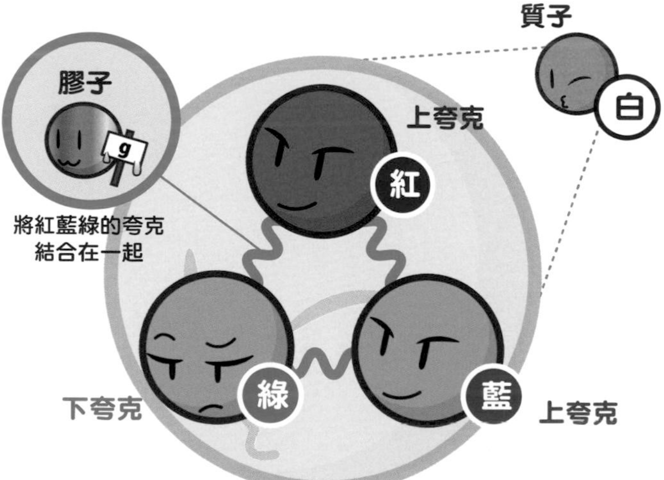

非常非常強的強力

強力
在夸克和夸克間作用的強大力量。有愈接近就愈強的特徵。

夸克的成對產生
打算分離夸克的能量，會從空間中產生新的夸克形成夸克對。

輕子時期

電子等輕子主導的時期

1秒~3分

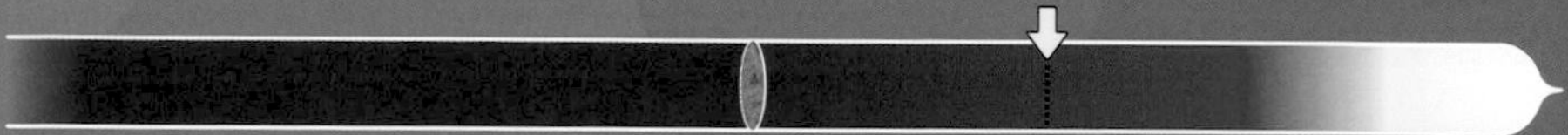

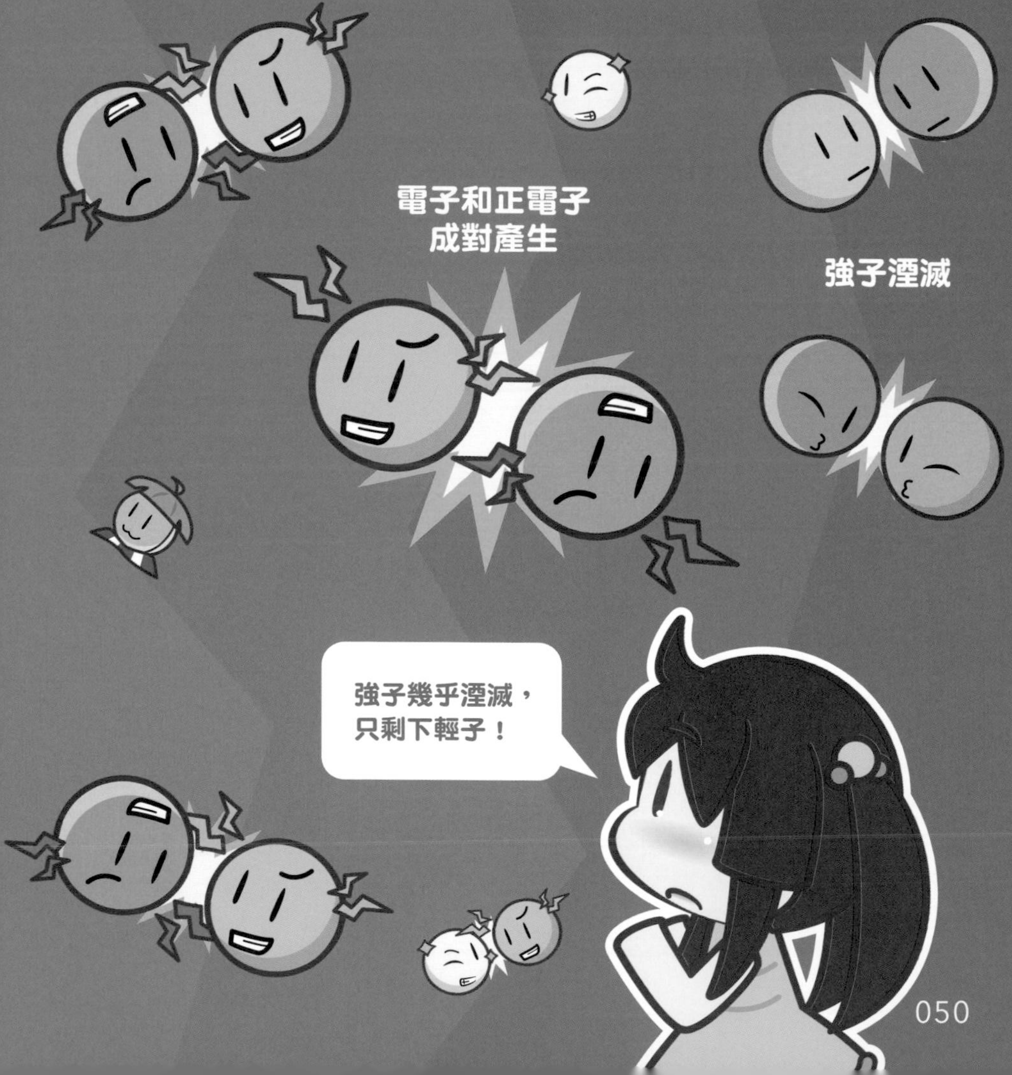
電子和正電子
成對產生
強子湮滅
強子幾乎湮滅，
只剩下輕子！

才剛這麼想，
電子和正電子也都湮滅，
數量大幅減少了。
電子和正電子
湮滅

充滿著輕子，然後消失

宇宙誕生之後，終於經過濃縮許多事的1秒了。由於強子和反強子湮滅，幾乎不存在了，電子和微中子這類輕子就成為宇宙的主角。但是這個輕子的時期也持續不久。宇宙不斷膨脹冷卻下來後，電子和正電子的成對產生也不再發生。電子和正電子持續湮滅，只有少數電子留下來，連輕子也跟著消失了。宇宙中變得只有一點質子和中子、一點電子、許多光子與自由地四處飛行的微中子。這和現在的宇宙幾乎沒有兩樣。

宇宙誕生幾秒後的微中子

輕子有兩種，分別是像電子一樣的帶電輕子以及微中子，其中微中子和帶電輕子的命運並不相同。由於微中子沒有帶電，電磁力無法對它作用，只有弱力能夠產生作用。微中子能夠藉由這種弱力和質子、中子反應，但宇宙誕生幾秒後，強子的時期結束，質子和中子幾乎消失了，也因為缺少能讓微中子成對產生的能量，留到這個時期的微中子不會受到任何粒子的干涉，能自由地在宇宙中四處飛行。

也就是說，我們或許可以在地球上觀測這個時期的微中子呢。像這種宇宙誕生幾秒後的微中子，被稱為宇宙微中子背景輻射，世人也正在努力尋找這個時期的痕跡。

由於質子和中子的緣故，微中子無法自由行動

質子和中子消失後，自由飛行的微中子

為什麼只有物質留下來？

強子和反強子湮滅了…
反質子
反中子
消失的各種反強子
只剩下一點點強子呢。
為什麼強子會留下來呢…？
質子
中子
剩下的各種強子
現在正在努力調查這點！
電子之類的輕子也跟正電子之類的反粒子產生湮滅，幾乎消失了。
消失的正電子
宇宙中只剩下一點點電子呢。
為什麼只有電子剩下來呢…？
剩下的電子
…現在正試著努力調查這點！

只剩下強子和電子的理由

為什麼只有強子和電子之類的粒子留下來呢？很可惜，至今還不知道原因。

粒子和反粒子的不同

雖然一般認為粒子和反粒子不同的地方只有電的性質，或許其實不是這樣……。

原子核的合成

質子和中子形成原子核

3分~20分

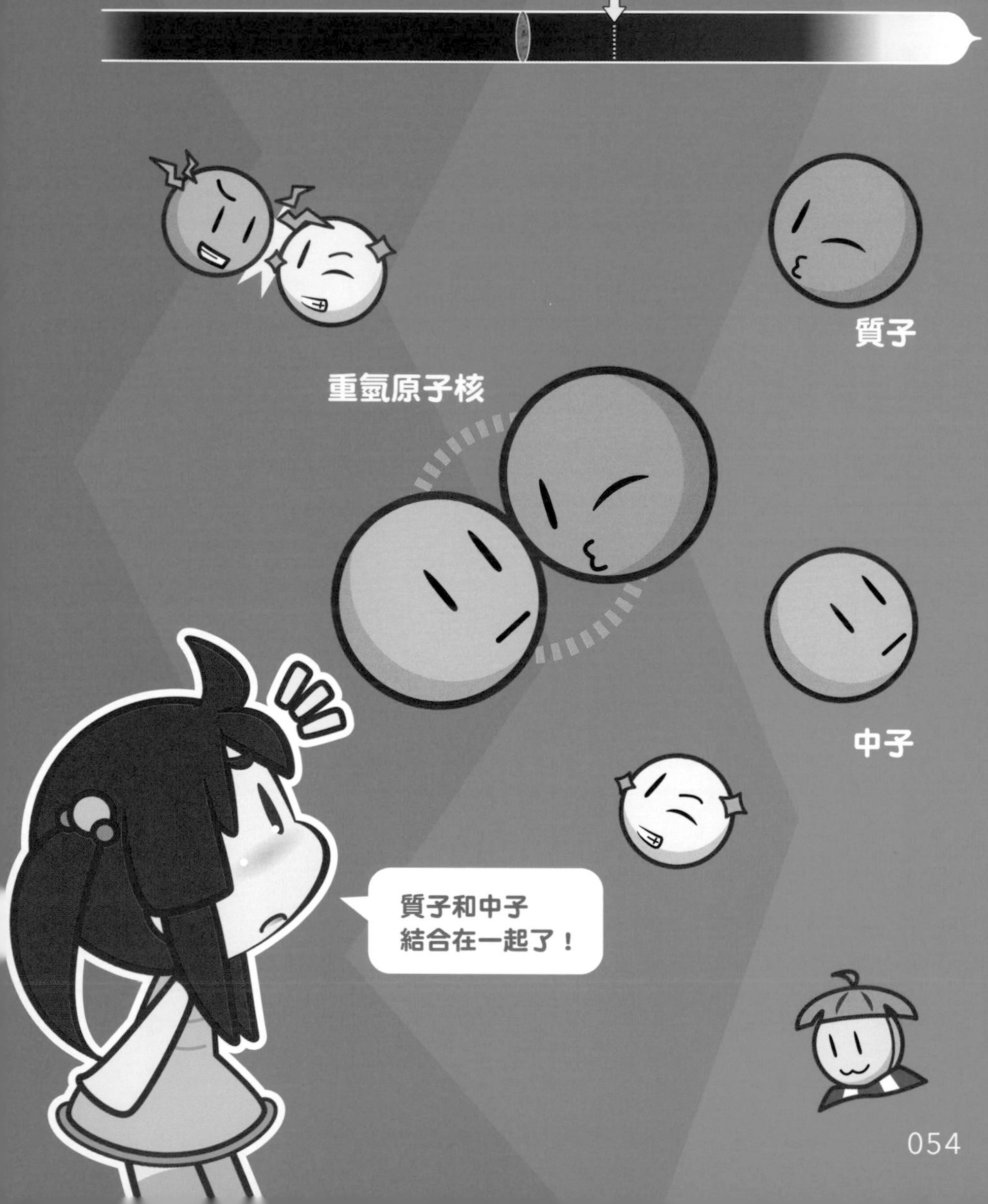
質子
重氫原子核
中子
質子和中子
結合在一起了！

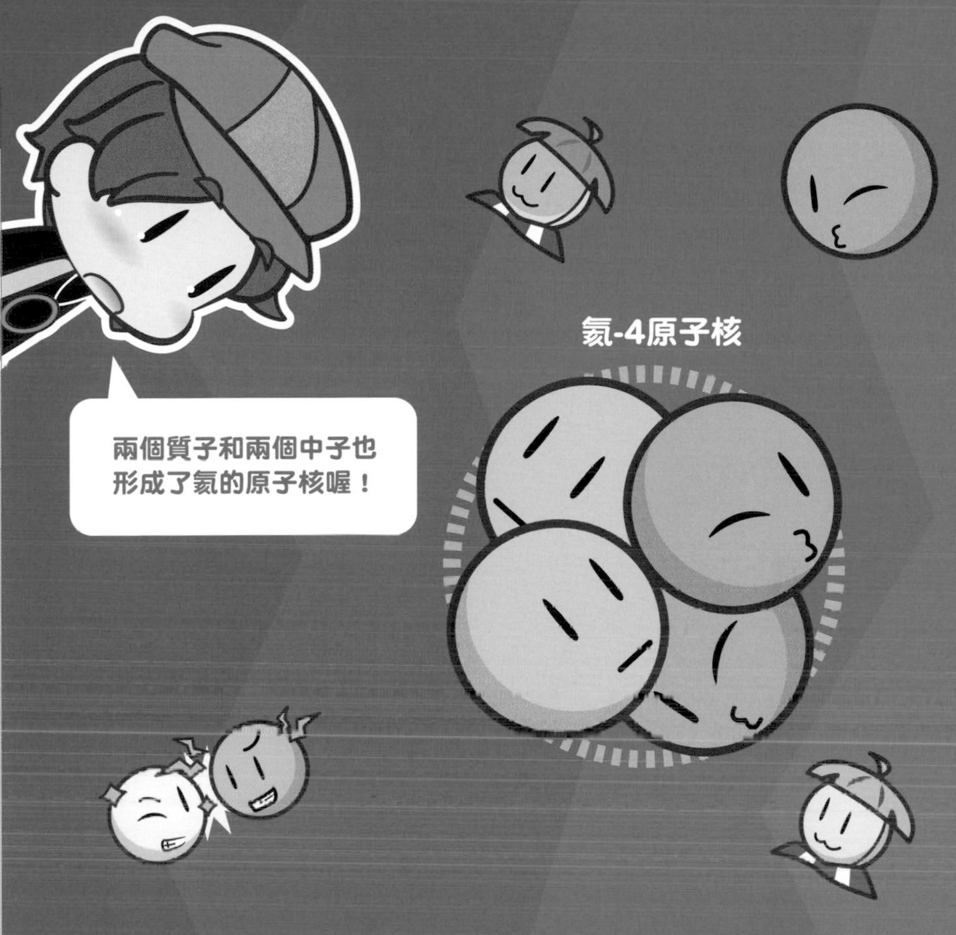
兩個質子和兩個中子也
形成了氦的原子核喔！
氦-4原子核

質子和中子結合！

宇宙誕生後經過3分鐘，宇宙的溫度會冷卻到10億度左右。降到這個溫度後，原本只剩下一點、一直自由自在飛行的質子和中子，碰撞時就會結合在一起。質子和中子的結合，會形成原子的根本——也就是原子核。質子和中子碰撞後形成了重氫的原子核，而質子和中子再進一步碰撞後，也形成了由兩個質子和兩個中子組成的氦-4原子核。原子核的合成，會一直持續到宇宙誕生後20分鐘，宇宙更加冷卻的時候。

形成原子核，出現核融合反應！

夸克藉由強力互相結合、凝聚之後，形成質子和中子；質子和中子也藉由強力結合，形成由質子和中子組成的原子核。質子和中子結合後，形成了由一個質子和一個中子組成的重氫原子核，接著質子和中子繼續結合，形成由兩個質子和兩個中子組成的氦-4原子核。雖然形成了各式各樣的原子核，但由於一個質子的氫原子核及氦-4原子核特別安定，所以宇宙的質子和中子，幾乎都形成氫原子核和氦-4原子核的狀態。

這種質子和中子結合的反應，稱為核融合反應。現在太陽的中心也有這種反應，人類也會在地球上以人工的方式做出這種反應。宇宙的各處發生這種核融合反應，宇宙就會維持高溫，處於能量四溢的狀態。

氫原子核（質子）

重氫原子核（質子＋中子）

氦-4原子核（兩個質子＋兩個中子）

我們身邊的物質如何形成

從分子到夸克
細看物質的話，可分為分子、原子、原子核、電子和夸克。

由三個種類組成
上夸克、下夸克和電子這三種粒子構成我們身邊的物質。

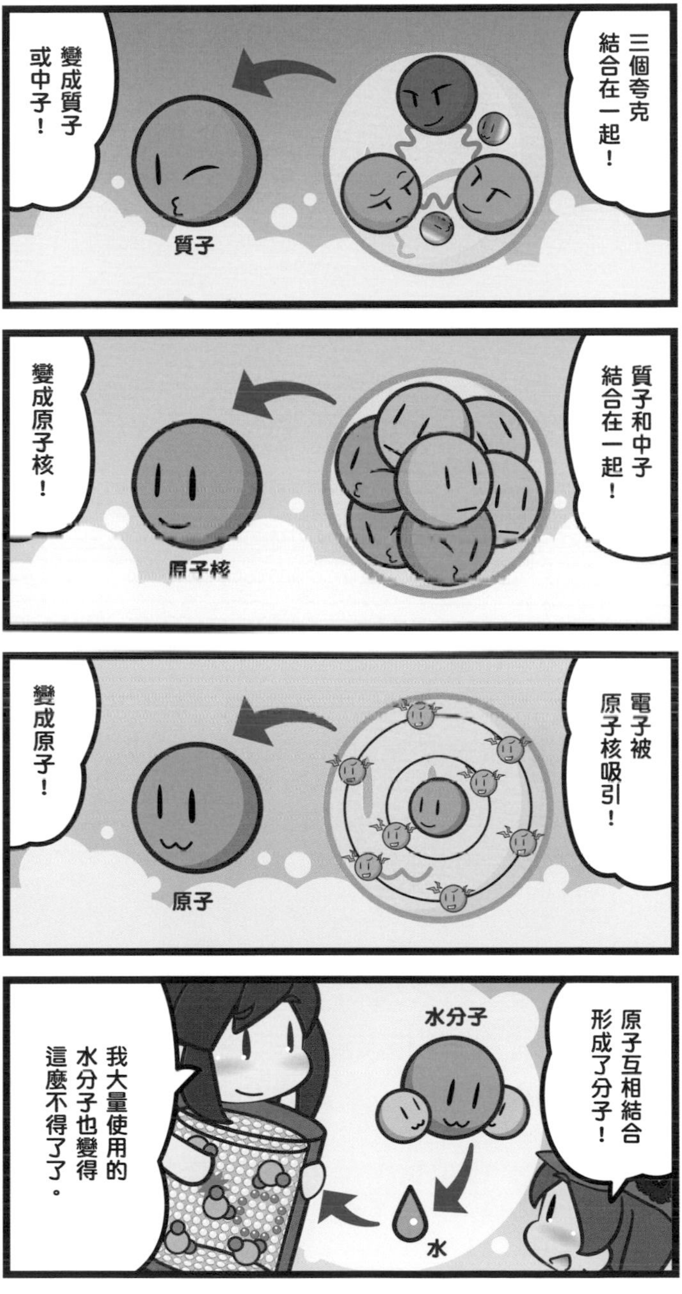
三個夸克結合在一起！
變成質子或中子！
質子
質子和中子結合在一起！
變成原子核！
原子核
電子被原子核吸引！
變成原子！
原子
原子互相結合形成了分子！
水分子
水
我大量使用的水分子也變得這麼不得了了。

宇宙放晴

原子形成，光子自由飛行

38萬年

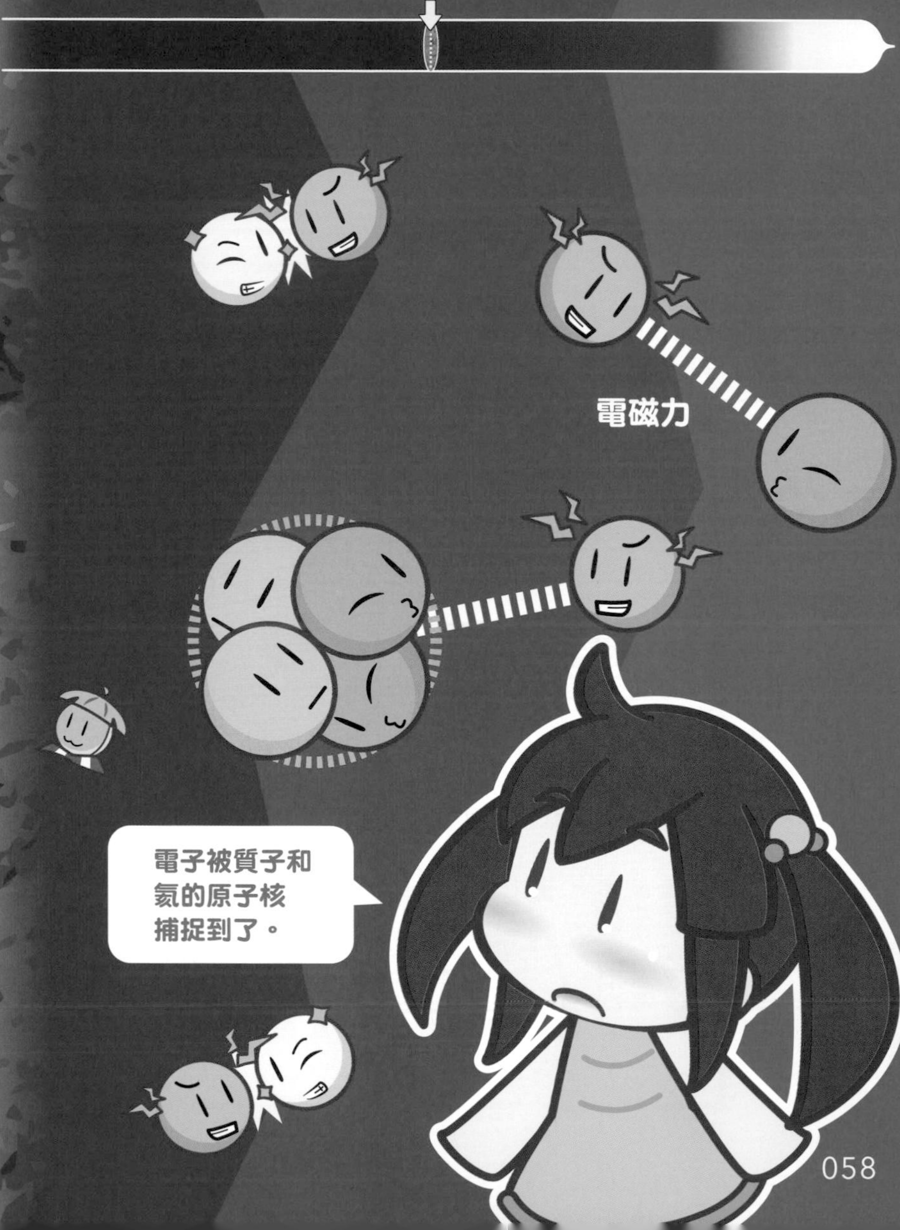
電磁力
電子被質子和氦的原子核捕捉到了。

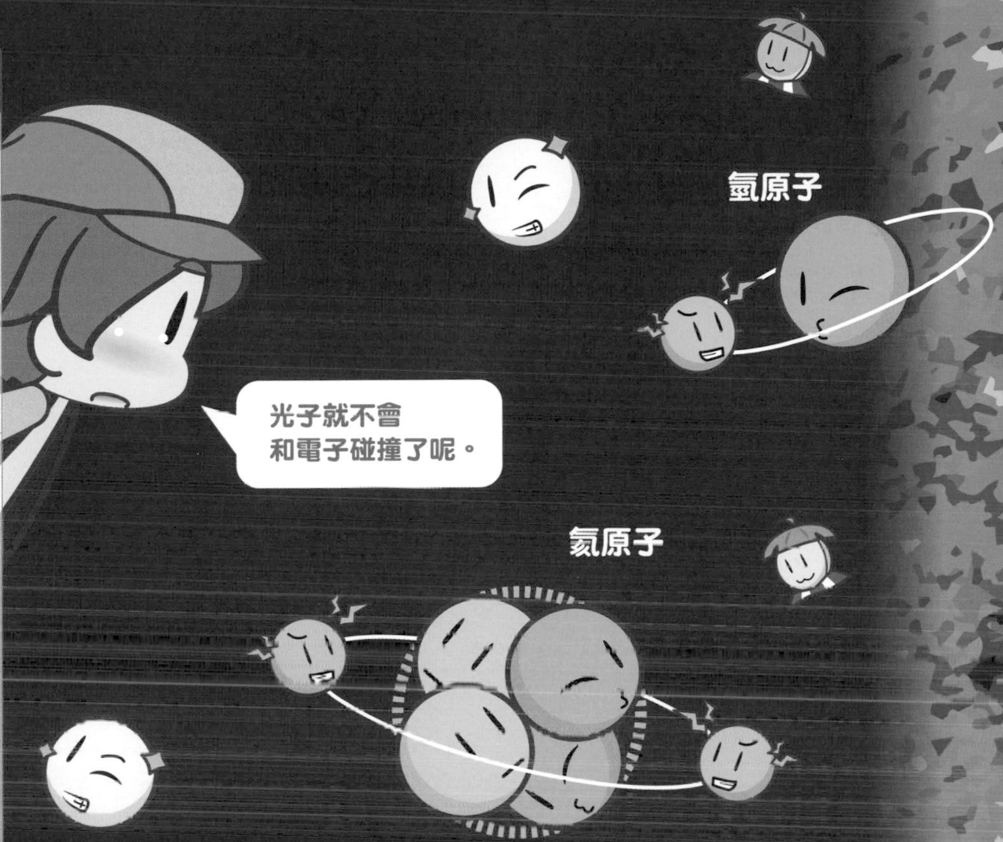
氫原子
光子就不會
和電子碰撞了呢。
氦原子

原子終於誕生了！

宇宙誕生後經過20分鐘，原子核的合成結束了，平穩的時期就這麼持續下去，時間一口氣飛躍到下一個大事件。下一個大事件發生在宇宙誕生38萬年後。宇宙的溫度變成約3000度這種我們一般認知的溫度時，四處飛行的電子能量下降，由於電磁力的作用，使得帶負電的電子被帶正電的原子核捕捉。原子終於誕生了！透過這個現象，宇宙變成了只有些許氫和氦等單純的原子存在，光子和微中子四處自由飛行的世界。

電子消失，宇宙放晴

我們看東西時會用到光，也就是光子。大霹靂的時候雖然產生了大量的光子，但由於許多電子和光子一樣四處飛行，光子會碰撞到電子受到阻礙，因此無法筆直自由地飛行。不過在宇宙誕生38萬年後，由於阻礙光子的電子被原子核捉住，光子變得可以筆直前進、自由地移動。也就是說，宇宙因為光而變得透明可視。在這層意義上，形成原子的這個時機，就稱之為宇宙放晴。

宇宙放晴之前的光會被電子阻礙而無法觀測，不過放晴時的光就可以觀測了。這種光被稱為宇宙微波背景輻射，現在也實際在進行觀測。一想到我們正在用集現代科學結晶的設備觀測138億年前的光，就覺得很浪漫呢。

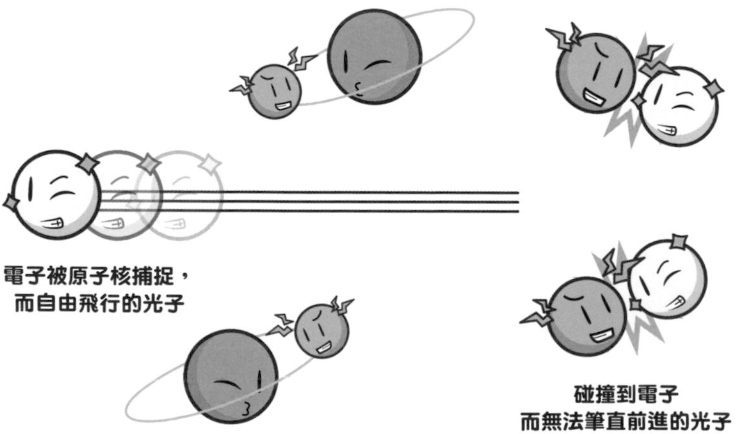
電子被原子核捕捉，
而自由飛行的光子
碰撞到電子
而無法筆直前進的光子

宇宙下雨了嗎？

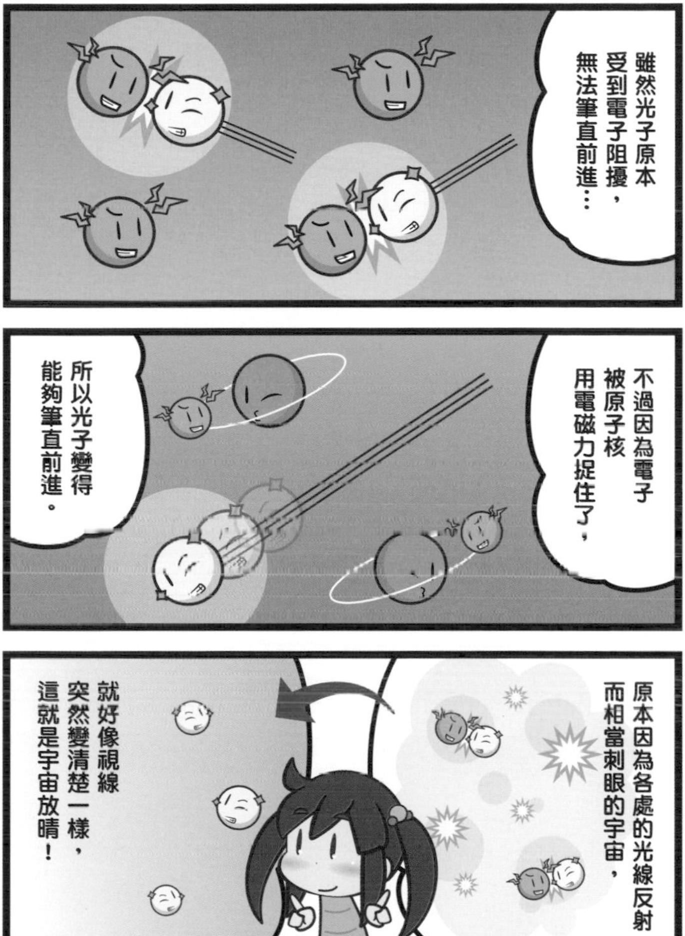
雖然光子原本
受到電子阻擾，
無法筆直前進…
不過因為電子
被原子核
用電磁力捉住了，
所以光子變得
能夠筆直前進。
原本因為各處的光線反射
而相當刺眼的宇宙，
就好像視線
突然變清楚一樣，
這就是宇宙放晴！
一直下著雨的宇宙
終於進入放晴的
美好時期了…
宇宙大概
不會下雨喔…

宇宙放晴

原本因電子作怪而視線欠佳的宇宙變得能夠觀察清楚了。很棒的詞彙呢。

可以透過光線觀察的宇宙範圍

這個時期以後的宇宙，光變得可以筆直前進，我們能夠從地球上直接透過光觀察。

黑暗時期

空無一物、一片黑暗的宇宙

38萬年～數億年

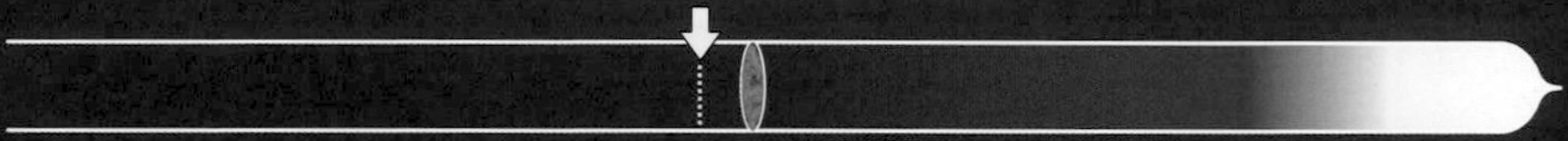

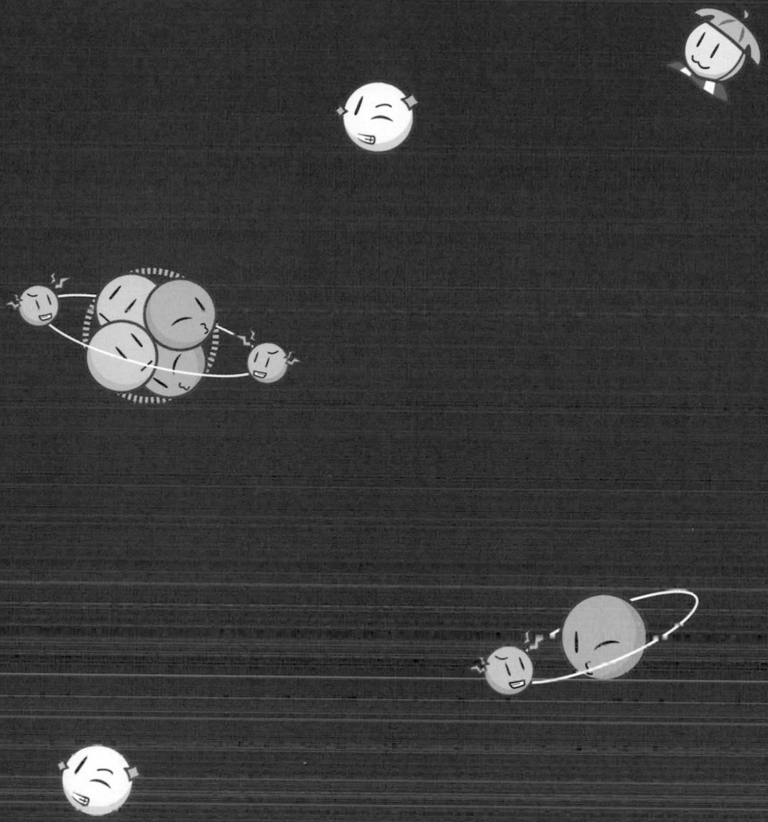

放晴之後，什麼都消失了

宇宙放晴之後，氫原子和氦原子形成，光子變得可以筆直地自由移動，要說之後發生了什麼，那就是沒發生任何事。宇宙中只有少數漂浮的氫原子、氦原子，以及自由地四處飛行的光子和微中子，除此之外什麼都沒發生。宇宙變成完全一片黑暗的空間。其後直到因重力的作用使得第一顆星體發出光芒之前，還得等上數億年的漫長時間。

四種作用力的不同

在宇宙放晴而變得一片黑暗之後的時期，之前鮮少提到的重力變得愈加重要。在四種作用力之中，由於弱力和強力只能在近距離下作用，而這個時期之後的宇宙中只有少量粒子存在，所以不會產生作用；電磁力雖然作用範圍較遠，但是只對帶有正電或負電的物質作用，而此時的宇宙中幾乎只有原子、光子和微中子，因此也幾乎不會產生作用。

此時會產生作用的就是重力，只要是擁有質量的物質，無論距離多遠，重力都會產生作用。即使在無邊無際的宇宙中，重力也會對只有少量存在的氫原子和氦原子產生作用。只不過這種力量非常微弱，到星體因重力而誕生之前，還需要一段相當漫長的時間。

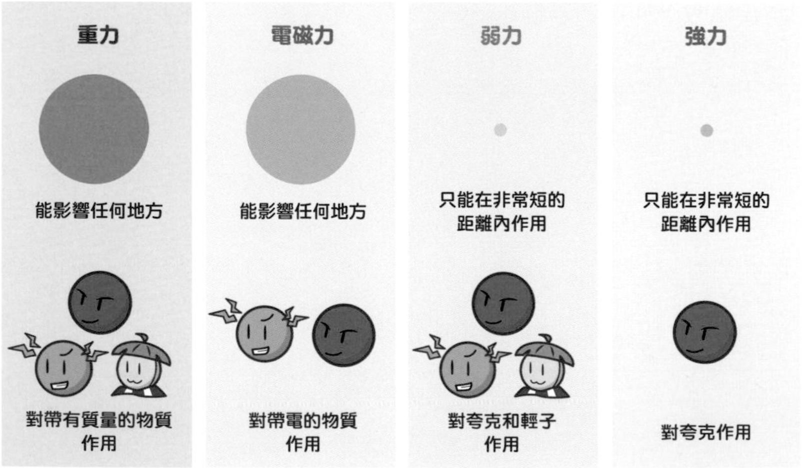
重力
能影響任何地方
對帶有質量的物質作用
電磁力
能影響任何地方
對帶電的物質
作用
弱力
只能在非常短的距離內作用
對夸克和輕子作用
強力
只能在非常短的距離內作用
對夸克作用

安靜寂寥的宇宙

宇宙放晴 視野變清楚 是很棒沒錯⋯ 但什麼都沒有耶？
對啊！什麼都沒有！

因為這個時期 只有剛形成的 氫原子和氦原子等 簡單的原子啊。
氦原子
氫原子

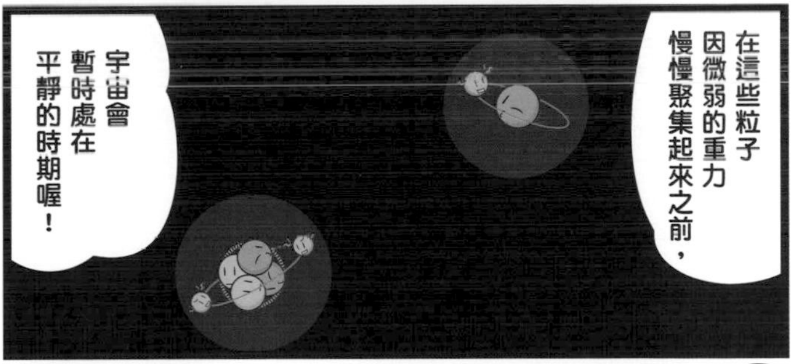
在這些粒子 因微弱的重力 慢慢聚集起來之前，
宇宙會 暫時處在 平靜的時期喔！

啊！是微中子。
微中子還是一樣 自由地 四處飛行呢！

空無一物

刺眼的宇宙放晴後，變成只有氫原子之類的粒子漂浮的昏暗宇宙。

微中子

氫原子因重力而緩慢聚集在一起的時候，微中子則在自由地四處飛行。

恆星的誕生

由於重力的影響，點亮宇宙中的恆星

數億年

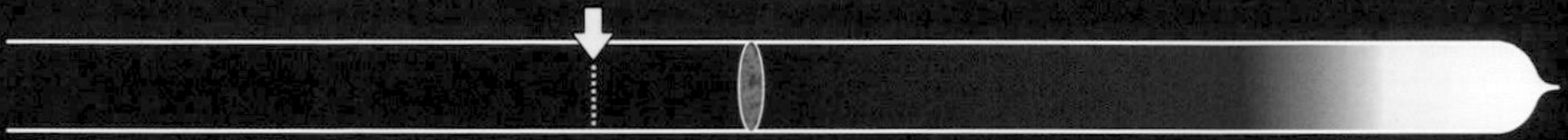

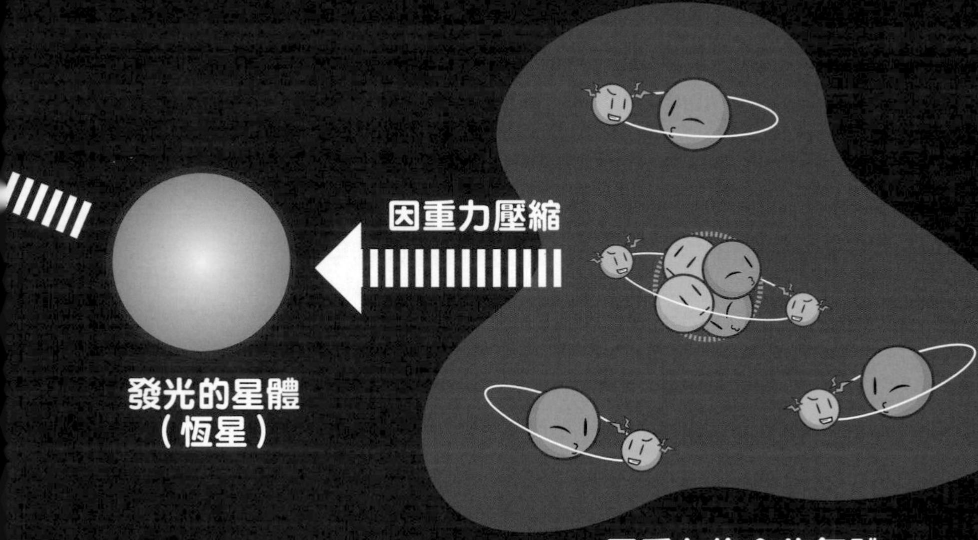

因重力壓縮
發光的星體
（恆星）
因重力集合的氣體

花費漫長時間
聚集的氣體
變成星體了！

在恆星中形成的原子四散出去了。
超新星爆發

重力讓氣體集結、凝聚、發光

宇宙放晴後，歷經了數億年漫長的時間，在重力牽引下氫原子和氦原子逐漸聚集成氣體的團塊。這個氣體團塊在重力的作用下被更加壓縮，當超過某個階段的密度後，終於開始原子核與原子核合體的核融合反應——這就是恆星的誕生。恆星的內部開始核融合反應後，慢慢形成各式各樣的原子。當充滿各種原子的恆星迎來壽命的終點後，會一邊形成更重的原子，同時發生爆炸，各種原子便因此四散到宇宙中。透過恆星的誕生、消失，使得宇宙中充滿了形形色色的原子。

形成各種原子的機制

在只有氫原子和氦原子的宇宙中，恆星雖然會形成別種更重的原子，卻有好幾種不同的形成方式。

首先就是恆星內部的核融合反應。氫原子引起核融合反應形成氦原子，而氫消耗完畢的話，氦原子會形成更重的原子，像這樣逐漸形成更重的原子。在恆星內部的核融合反應，甚至能夠形成鐵這類的重元素。另外就是在恆星壽命結束時，所引發的超新星爆發。超新星爆發也有很多種類，例如比太陽重10倍的星體持續燃燒的話，在星體中心因核融合反應形成的鐵的核心，最後就會被擠壓而引發超新星爆發，此時會合成比鐵稍重的原子，四散到宇宙中。其他像是在衰老的恆星中，原子會藉由捕捉大量中子形成更重的原子；而最近發現叫做中子星的星體在合體時也會形成像金或白金之類的重原子。

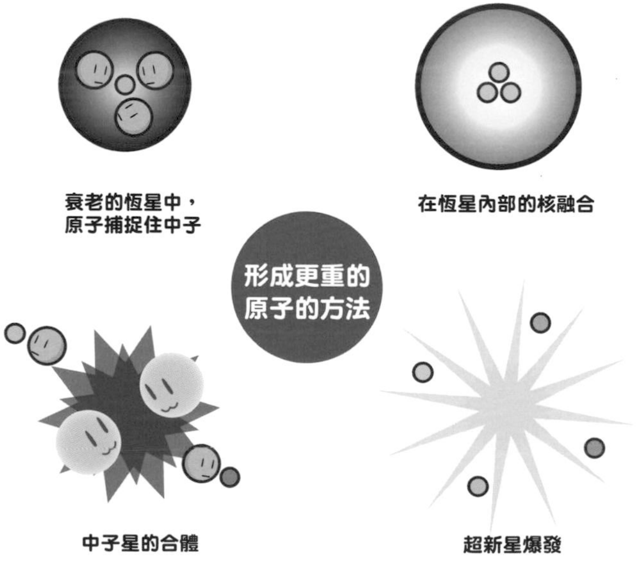

星體誕生了！

第一個星體
重力牽引飄散於各處的氫原子並形成星體，要花費數億年的時間。

新的原子
形成星體後，使得許多新的原子逐漸誕生。構成我們身體的元素也是！

宇宙的再游離時期

原子再次分成電子和原子核

數億年

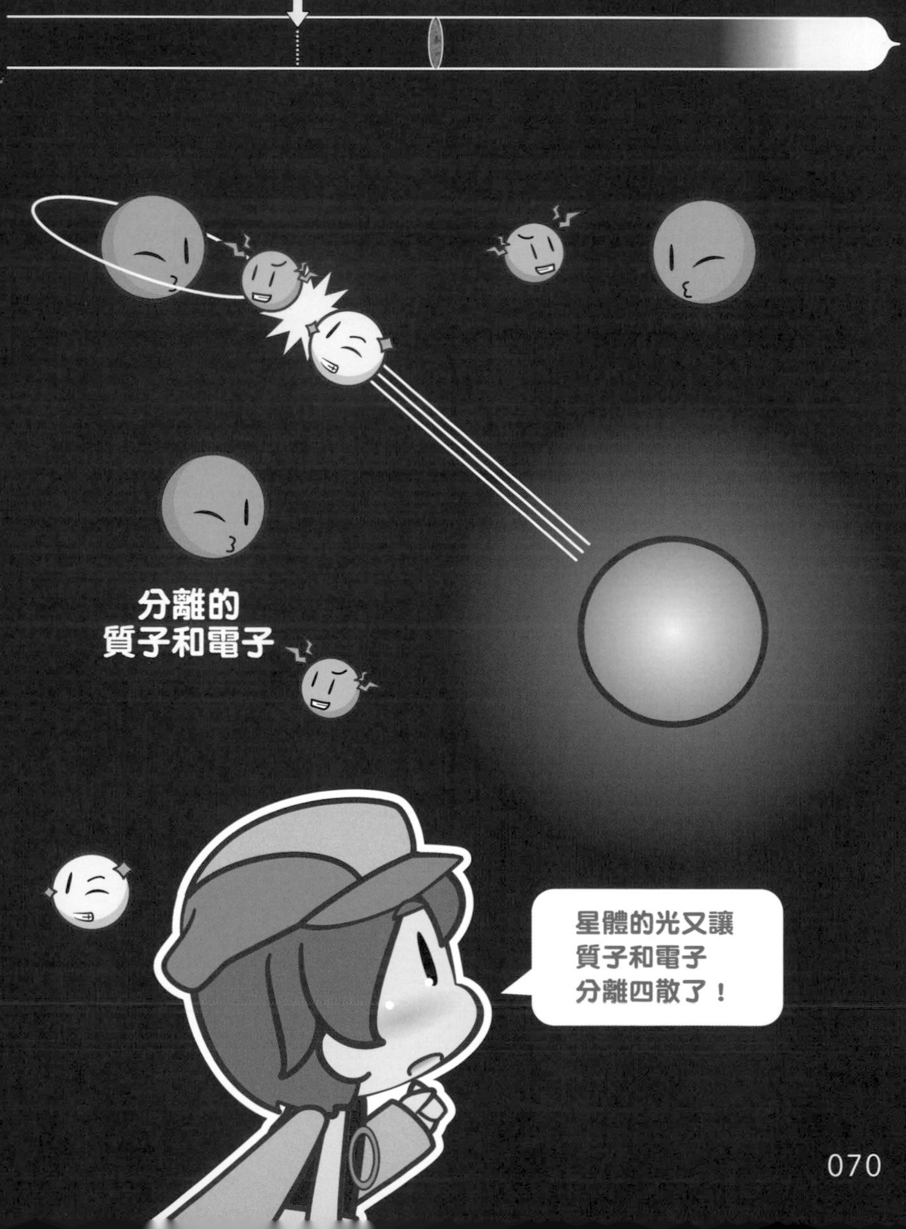
分離的
質子和電子
星體的光又讓
質子和電子
分離四散了！

星體增加後，宇宙又再次游離化了。

星體破壞了原子

重力讓閃閃發亮的星體誕生之後，在它的影響下，宇宙的模樣開始大幅改變。從星體散發出的高能量光芒，使得四散在宇宙中的氫原子，再度分成氫原子核的質子和電子。雖然宇宙放晴之後，存在於宇宙的幾乎都是中性物質，但這麼一來帶正電的質子和帶負電的電子又會再次出現在宇宙中。這個現象就叫做宇宙的再游離。由於是「再」游離，代表此時回到宇宙放晴前的狀態。

再游離範圍擴大的宇宙

透過到目前為止的宇宙觀測我們可以得知，宇宙誕生10億年左右，整個宇宙出現再游離化，而這個現象甚至持續到現在。然而再游離化到底是如何產生的，實際上還不清楚。不過，一般認為過程大概是這個樣子。

因重力牽引而聚集的原子團塊，在宇宙的各個地方誕生出星體。其中也包括會散發出超高能量光芒的星體，而星體周圍的氫原子，便逐漸再游離成質子和電子，再游離的範圍慢慢擴散到了整個宇宙。

這個狀態，就像是以散發出高能量光芒的星體為中心的肥皂泡泡，在宇宙的各個地方形成並逐漸膨脹，最後包覆住整個宇宙。

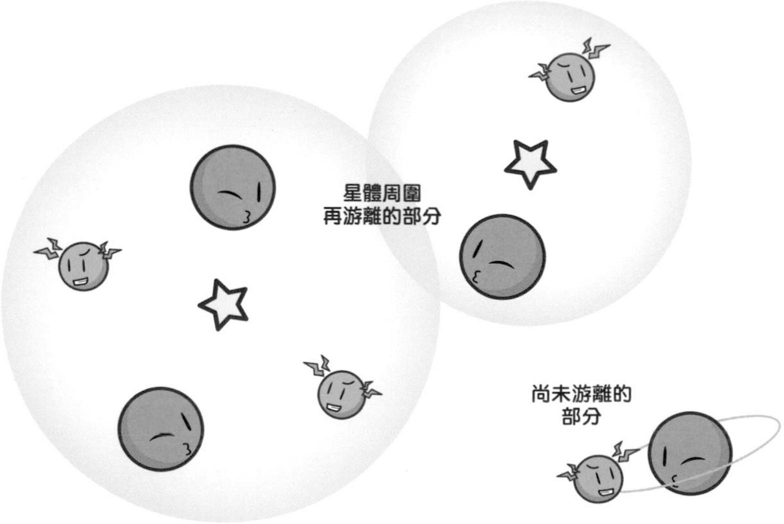

被形成的星體破壞了？

哎呀？
原子核好不容易捕捉到的電子，卻因為星體強烈的光芒逃走了。
氫原子之類

再游離化
好不容易結合的原子核和電子，由於星體強烈的光芒，再度分離四散各處。

這叫做再游離化喔。
這樣一來，宇宙又會充滿帶負電的電子和帶正電的離子了。
帶負電的電子
帶正電的原子核

明明宇宙冷卻後，原子核和電子才結合成原子的。
卻因為原子聚集而成的星體所發出的光，又四處分散了。

拼圖
雖然和正文無關，不過SK（超級神岡探測器）內部結構的照片拼圖難度很高，賣得很好。

總覺得有點煩躁…感覺就像拼圖自己隨便打亂了一樣…
讓人摸不著頭緒呢。

星系的誕生

氣體聚集起來變成星體、星系、星系團

數億年

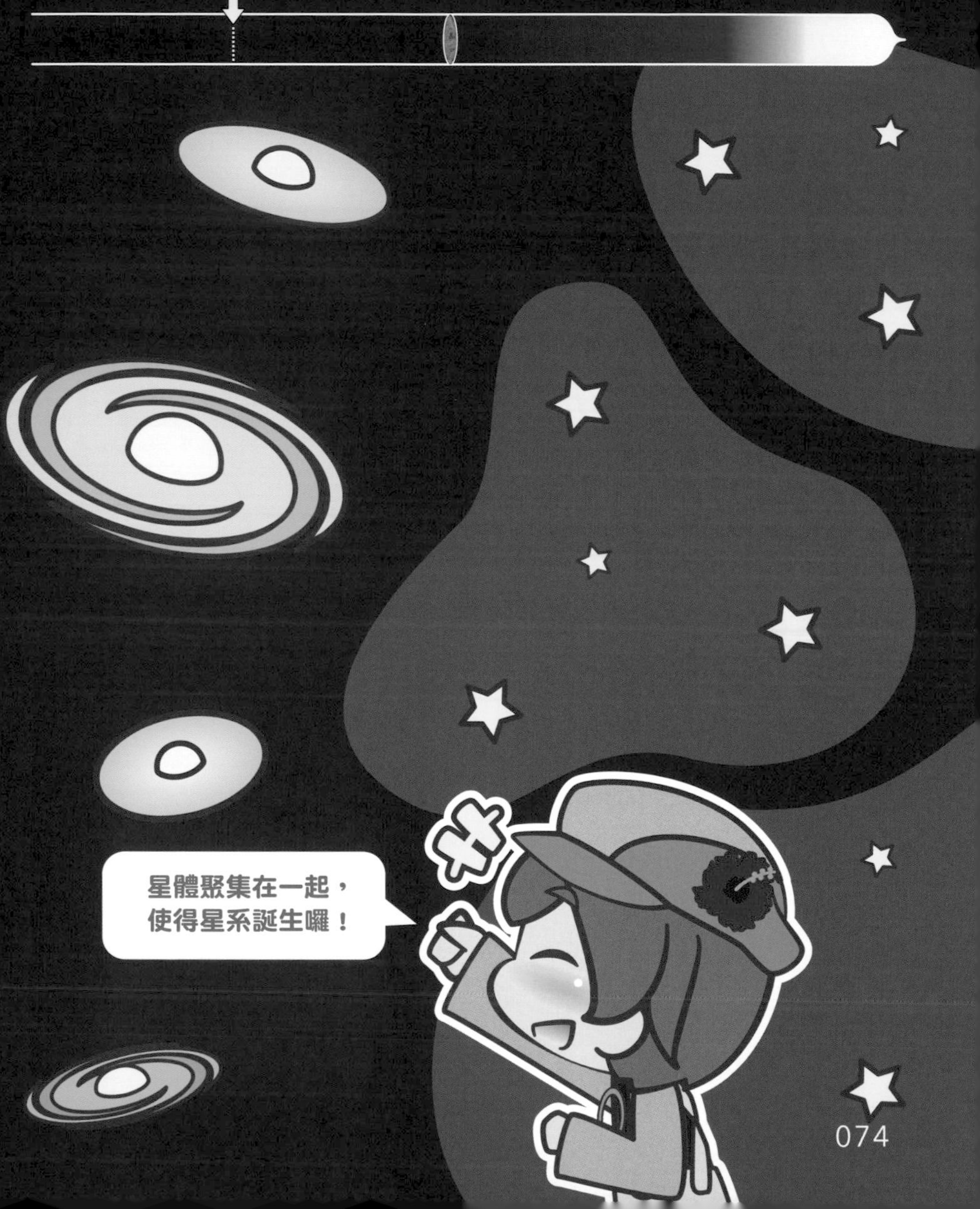
星體聚集在一起，
使得星系誕生囉！

宇宙的星系
形成纖維般的
形狀呢。

宇宙是纖維狀結構

分子透過重力的影響形成巨大的雲之後，誕生出恆星，最後在重力的牽引之下，星體聚集在一起，星系就誕生了！接著在更大的尺度上，有星系聚集而成的星系群，還有更多星系組成的星系團，甚至有更加龐大的超星系團。不過現在還不清楚是先形成星體之後才有了星系，還是從分子的巨大雲體中誕生的許多星體形成了星系。另外，雖然超星系團形成了稱為大尺度結構的纖維狀結構，不過也有人認為，這是暴脹時些微的密度差異被擴張後所造成的影響。

我們一無所知的暗物質和星系

我們的地球存在於太陽系，而太陽系所在的銀河系，呈現宛如扁平圓盤的形狀不斷旋轉。不過現在已知，若想計算旋轉速度，光憑銀河系裡星體的重量，是無法順利計算的。要是缺乏發光可見星體們10倍重的某種物質，計算結果就會不吻合。

而假設計算沒有錯誤，那就表示存在著有這些重量但卻看不見的某種物質。這些看不見的某種物質，就叫做暗物質（Dark matter）。雖然無法觀測，卻能感受到這種物質的重力。

一般認為，這種暗物質對於在宇宙暴脹時受到密度差異影響而形成的大尺度結構，其形成也擔任重要的職責，不過實際上到底是什麼，現在仍不清楚。

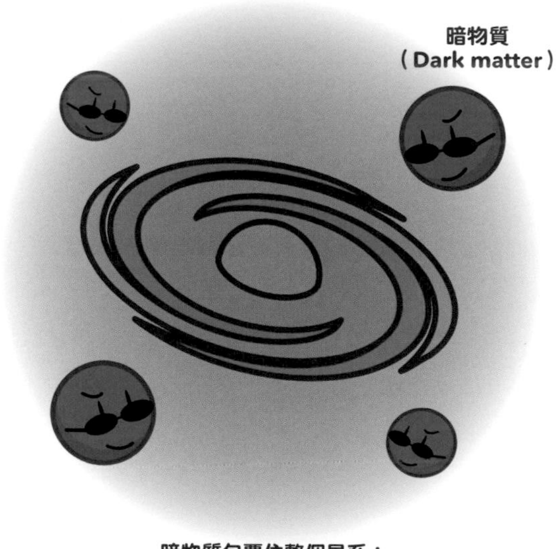

暗物質包覆住整個星系！

無法看見，不可思議的暗物質

暗物質

暗物質（Dark matter）的暗所指的並非「黑暗」，而是「看不見、不清楚」的意思。

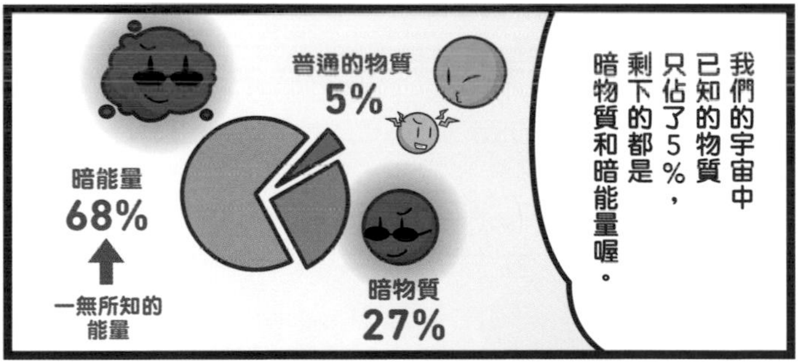

已知的物質只有5%

在宇宙的歷史中大量出現，如強子或輕子之類的物質。

原行星盤和地球

在恆星周圍形成行星，地球誕生了

～138億年

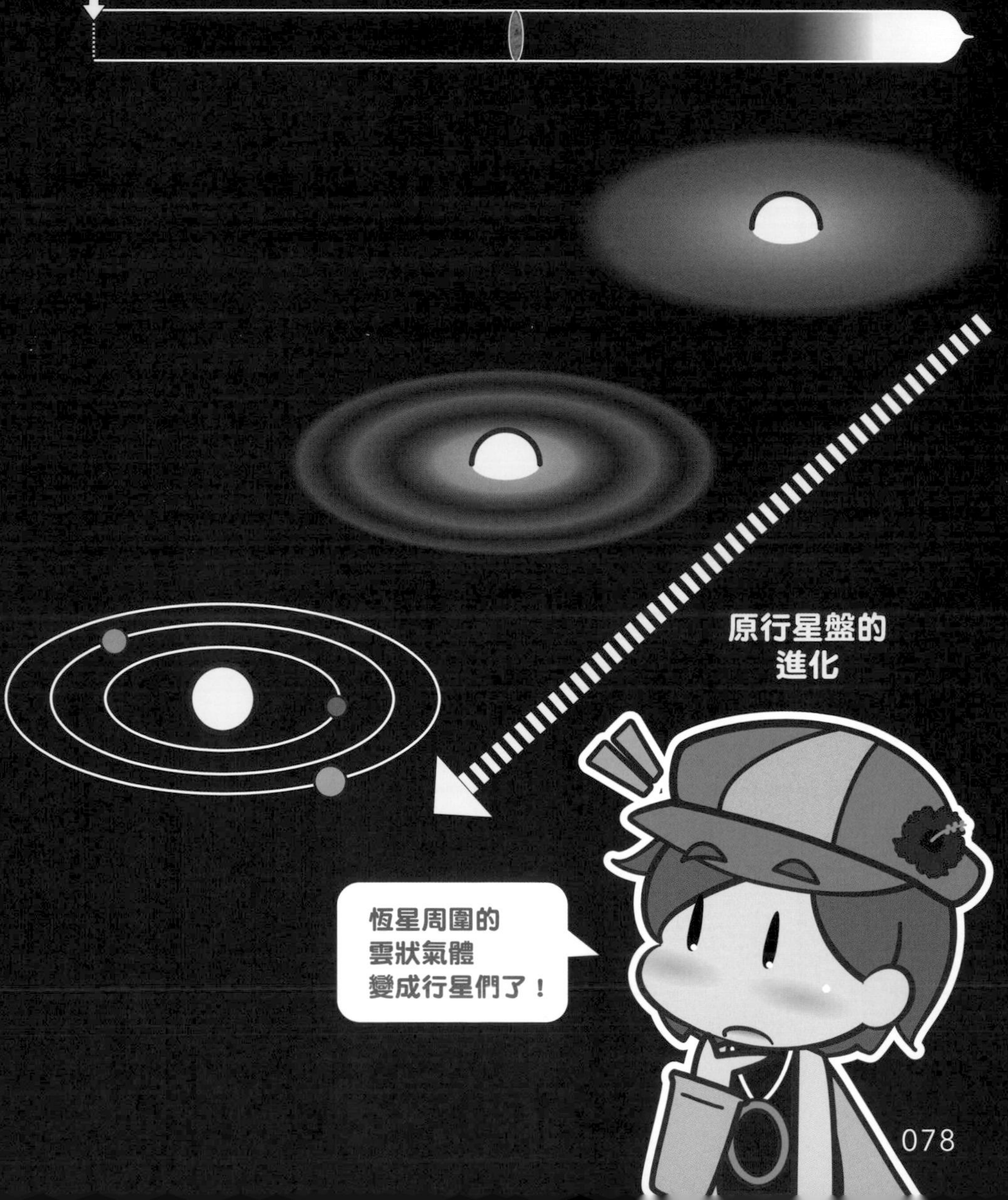
原行星盤的
進化
恆星周圍的
雲狀氣體
變成行星們了！

花了138億年，
終於回到現代了～

從圓盤狀的氣體變成地球

分子的氣體因重力而聚集形成了恆星，此時會以恆星為中心形成圓盤狀的氣體。這個盤狀氣體叫做原行星盤，其實這個盤狀氣體，就是在發光的恆星周圍旋轉，像地球這類不會發光的行星的種子。一般認為，恆星周圍的盤狀氣體中，會藉由靜電（電磁力）形成微小的聚合體，聚合體彼此會受到重力牽引而聚集，形成行星的前身原行星，最後變成像地球一樣由岩石組成的行星，或是像木星一樣由氣體凝聚而成的行星。

宇宙和暗能量

就這樣，地球終於誕生了。不過宇宙中還有許多我們不了解的事，其中之一就是暗能量。在宇宙中擁有質量的所有物質，都會受到重力的作用。各位不覺得這樣一來，放著這種現象不管的話，宇宙中全部擁有質量的物質，都會朝向一個點聚集嗎？

不過，實際上並沒有發生這種事。有名的愛因斯坦博士也提出假設，有股讓宇宙膨脹的力量在作用，使得宇宙不至於崩潰。而從實際的觀測結果來看，我們也知道宇宙的確正在膨脹，但卻並不曉得為什麼會膨脹。我們將這股讓宇宙膨脹、但並不清楚的力量，稱之為暗能量。一般認為，宇宙全體的能量之中，有68％就是這種暗能量，但我們連暗能量的意義都還不曉得。

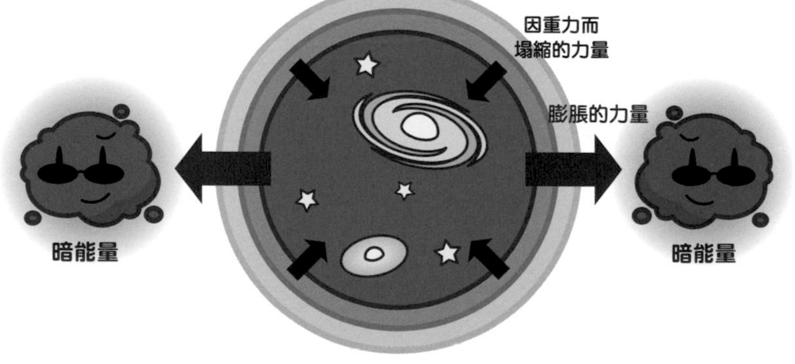
因重力而
塌縮的力量
膨脹的力量
暗能量
暗能量

宇宙在擴大的證據？

雖然現在才講，不過宇宙真的正在擴大嗎？
我們在地球上怎麼會知道呢？
宇宙中有許多星系對吧？這許多星系所發出的光芒會傳到地球。
但每個星系的光看起來都比預料中的還要紅。
這是因為宇宙在膨脹，使得光的波長也被拉長了！
空間拉長，波長拉長
就像消防車開遠時聲音會改變一樣？
嗚—嗚—
對，就和都卜勒效應的感覺很像。

變紅的光
離我們愈遠的星系，看起來會愈紅。這就是宇宙正在膨脹的證據！

都卜勒效應
指光或聲音等波，如果發出或接收的人正在移動，波長看起來就會改變。

多重宇宙

新的宇宙思維

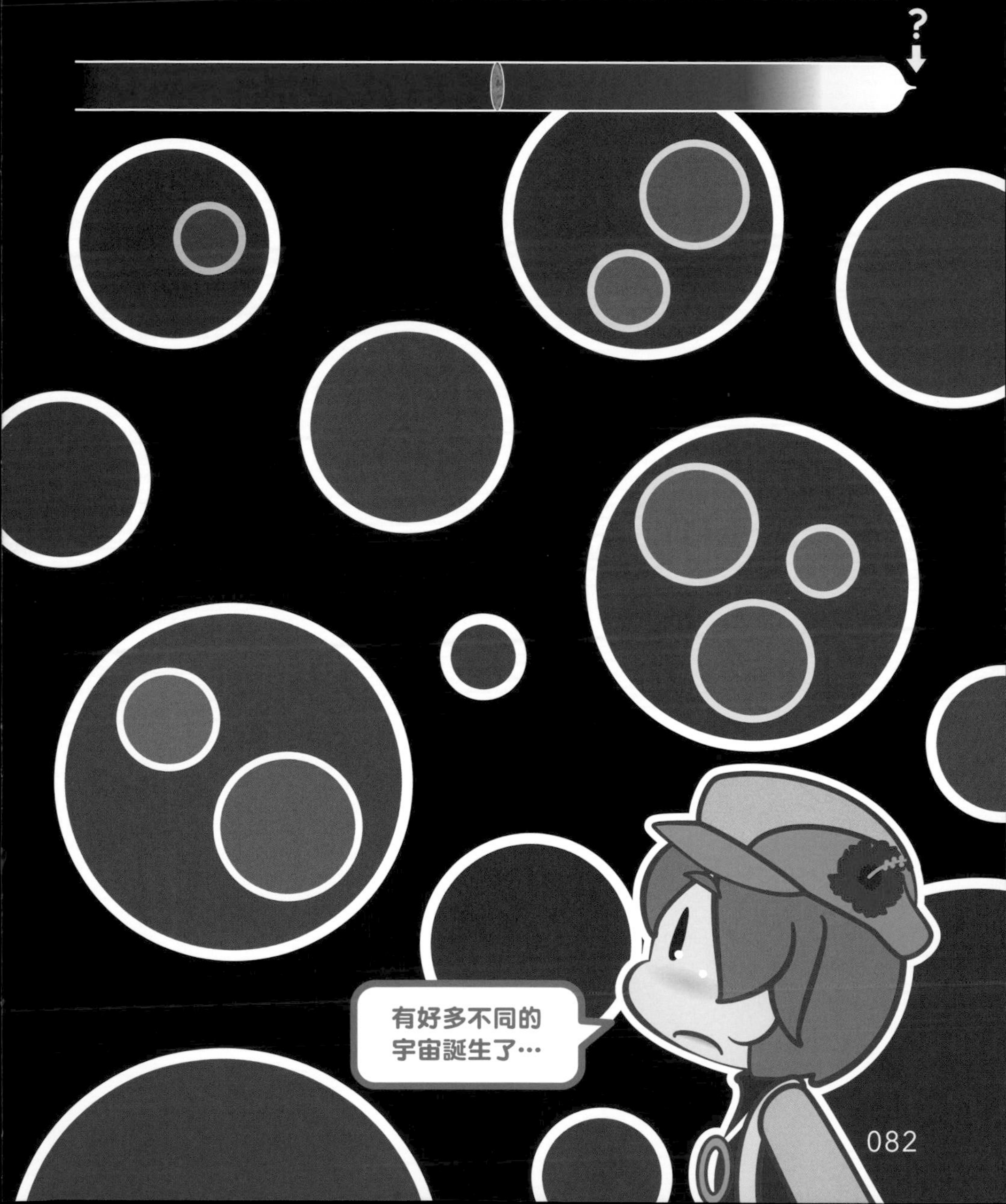

有好多不同的
宇宙誕生了…

每個宇宙的基本粒子
數量和種類都不一樣？

我們的宇宙是許多泡泡的其中之一

最近的研究提倡一種叫做「多重宇宙論（Multiverse）」的新假說。這種假說認為我們的宇宙就像泡泡一樣，是別的宇宙所發生的永久暴脹中誕生的許多泡泡的其中一個。許多膨脹的泡泡（宇宙）誕生後，各個泡泡看似會互相碰撞，但由於最原始的宇宙膨脹速度比光速還要快，因此泡泡能夠獨立存在。這些獨立的泡泡每個都會形成基本粒子種類或次元數不同，樣貌完全相異的別種宇宙。一般認為，這些泡泡的其中之一，正好是我們能夠生存的這個宇宙。

光速牆的另一端並不存在？

思考多重宇宙時最重要的事情之一，就是光速牆的問題。由於所有的現象都無法傳達得比光速（光的速度）更快，因此我們能夠認知的範疇有所限制，這種因光速所造成的牆，就叫做事件視界（Event horizon）。對存在於宇宙的我們而言，事件視界的內側和外側可說天壤之別。各位可以將事件視界的外側，位於光速牆另一側我們無法認知的領域，當作是「和我們無關的存在」。不過在思考到多重宇宙時，或許就需要將我們無法認知的領域當作「對我們而言不存在」。這叫做黑洞資訊悖論，是一般相對論和量子力學中解決問題的方法之一。不同觀測者眼中的宇宙並不同——這樣的想法現在或許會讓人靜不下心，但總有一天或許會成為普及的想法。

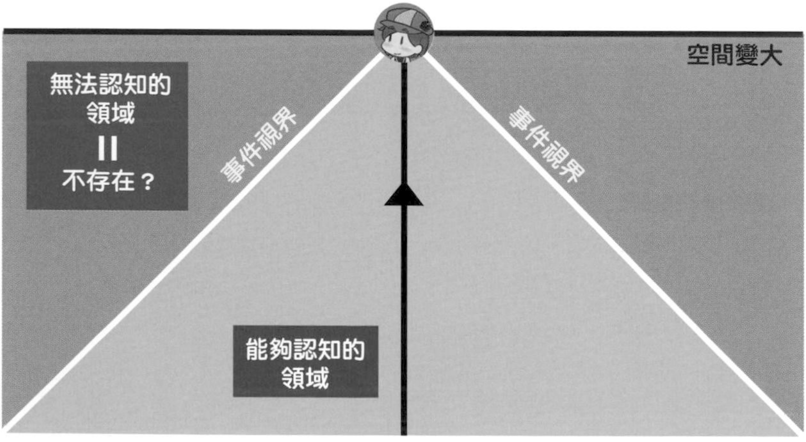
空間變大
無法認知的領域
II
不存在？
事件視界
事件視界
能夠認知的領域
時間的流逝

許多泡泡，許多宇宙

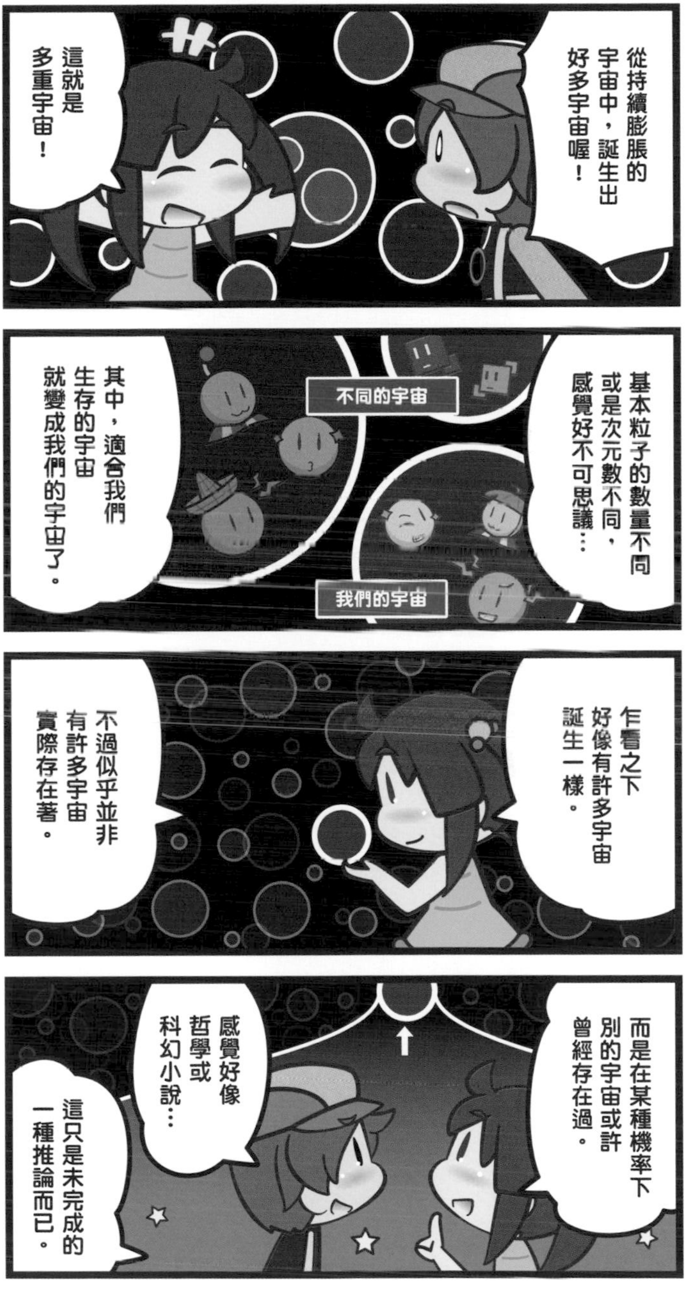
從持續膨脹的宇宙中，誕生出好多宇宙喔！
這就是多重宇宙！
基本粒子的數量不同或是次元數不同，感覺好不可思議…
不同的宇宙
我們的宇宙
其中，適合我們生存的宇宙就變成我們的宇宙了。
乍看之下好像有許多宇宙誕生一樣。
不過似乎並非有許多宇宙實際存在著。
而是在某種機率下別的宇宙或許曾經存在過。
感覺好像哲學或科幻小說…
這只是未完成的一種推論而已。

某種機率下或許存在過的別種宇宙

量子力學的解釋之一，和多重世界解釋的多重宇宙論很接近的想法。

未完成的推論

雖然難以透過直接觀測證明，卻有可能在間接累積事實之後證明。

Column

暗物質和暗能量

決定宇宙如何形成、如何終結的東西

有關暗物質和暗能量，前面也提過，這個「暗」是「不太清楚」的意思，因此暗物質就是指不太清楚的物質，而暗能量就是指不太清楚的能量。

首先，佔了宇宙27%的暗物質，就像前面提到的，是「雖然無法觀測，卻能感受到重力的某種物質」。其真面目到底是什麼物質呢？說到較龐大的物質，就是無法透過光看見、燃燒殆盡的星體或黑洞；說到較微小的物質，以前曾經將微中子等列為候選，現在一般將叫做超中性子（neutralino）的假想基本粒子視為第一順位，正透過各種實驗嘗試證明。

而佔了宇宙68%的暗能量更是不可思議。目前只知道為了對抗讓宇宙收縮的重力，有某種讓宇宙膨脹的「能量」正在作用，人們認為這種充斥在沒有物質的空間（一般稱之為真空）的能量，應該就是真空能量（Vacuum energy）。這種真空能量的有趣之處，就是為了讓能量填滿整個空間，隨著宇宙擴大，真空能量也會跟著擴大。和過去較小的宇宙相比，宇宙已經擴大的現在，甚至在宇宙會更加擴大的未來，真空能量也會變得愈來愈大。真空能量所擁有的這種性質，大幅影響了宇宙的終結。

暗物質形成這個宇宙的大尺度結構，而暗能量則決定了這個宇宙的終結。為了探究宇宙的誕生和終結，尋找暗能量和暗物質的真面目，是很重要的一件事。

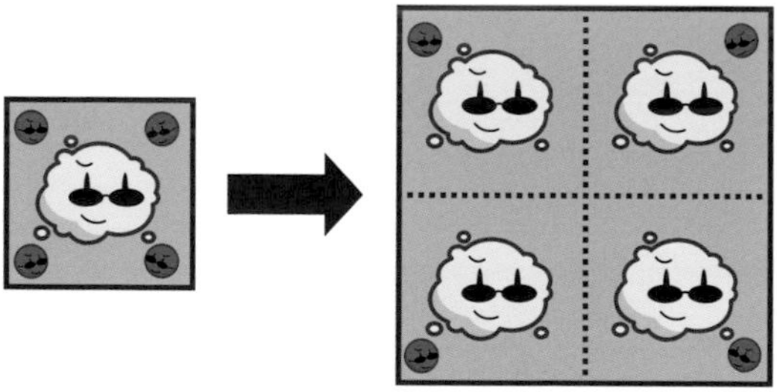

宇宙變大之後，雖然物質的密度會變小，
但真空能量的總合會變大。

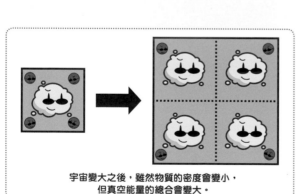

第2部

用驚奇的設施回顧宇宙

到目前為止，我們已經簡單回顧了宇宙的歷史。不過，人類到底是如何知道變化如此眼花撩亂的宇宙歷史呢？接著就讓我們來看看，在回顧宇宙時經常使用的幾個設施吧！

看得遙遠，代表看到過去

伴隨著觀測的時間差

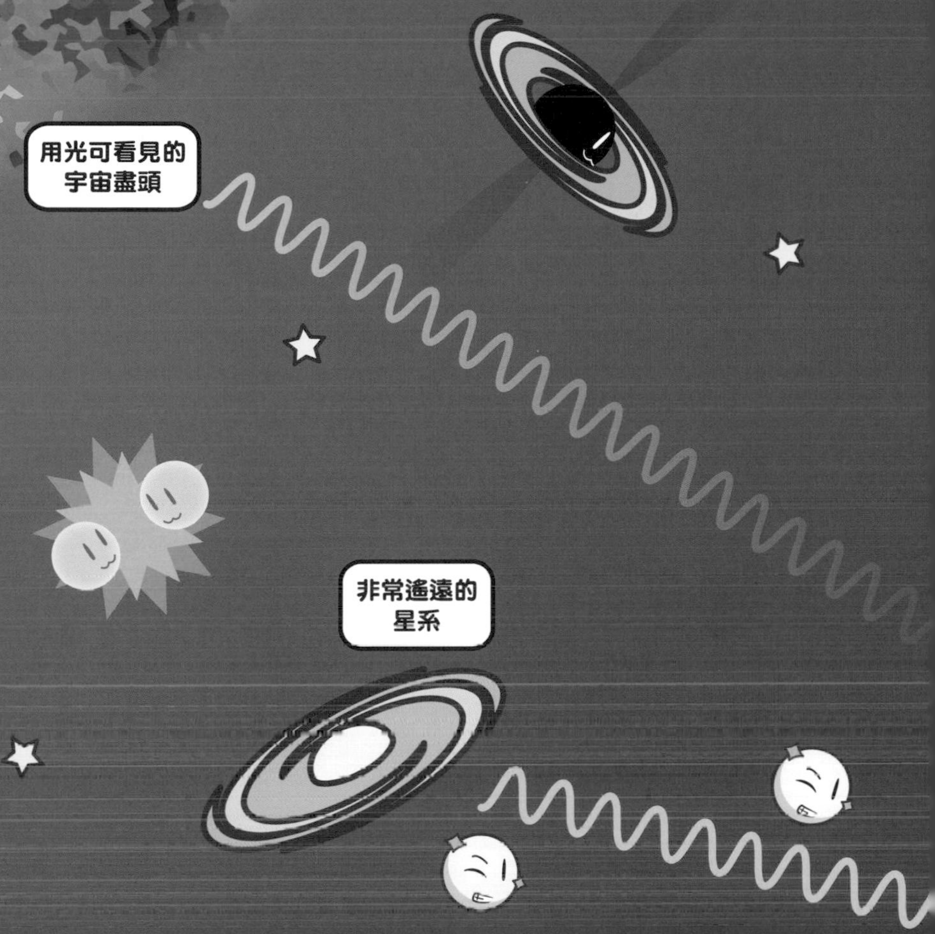

來看8分鐘前的太陽吧！

鏡子前的自己、天空中刺眼的太陽，以及遙遠的燦爛星群，我們基本上都是藉由光線看到這些。雖然光給人以相當快的速度飛行的印象，但並不是擁有無限的速度，而是1秒30萬公里的有限速度。因此透過光線看東西時，一定會產生時間差。譬如，由太陽發出的光線傳到地球得花8分鐘左右，因此我們看到的太陽光，就是8分鐘前的太陽光。如果物體愈遙遠，這個時間差就會變得愈大。因此觀看遙遠的宇宙，就是在看很久以前的宇宙。

用光可以看到的極限

由於光速是有限的，所以我們無法即時看到物體，而這個情況並不只限於光。在這個世界上，物質或訊息無法移動得比光還要快。就算不是用光，譬如藉由微中子或重力波觀測宇宙，也無法突破這道光速的牆。也就是說，無論用什麼樣的方式觀看遠處，都無法知道同一時間的樣貌，看到的是以前的模樣。

若說看著遠方就是在看著過去，那麼我們所看見的宇宙盡頭，也就是用這種方法所能看見的最古老的宇宙。譬如，透過光可以看見的宇宙盡頭，就是138億年前光變得可以自由移動時宇宙放晴的模樣。在持續膨脹的宇宙中，光花費138億年所行進的距離另一端，就是透過光可看見的宇宙盡頭。

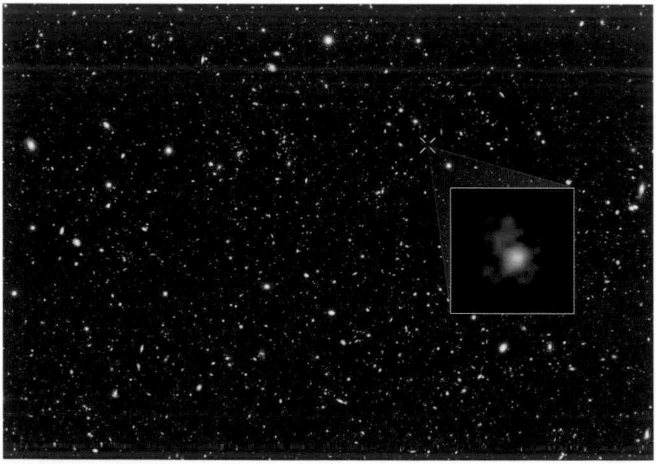

哈伯太空望遠鏡拍到的134億年前的星系GN-z11。
照片提供：NASA, ESA, P. Oesch(Yale University), G. Brammer(STScl), P. van Dokkum(Yale University), and G. Illingworth(University of California, Santa Cruz)

無法共享時間

光速是有限的

不只是光，這個世界所有的物體速度都是有限的，無法移動得比光還要快。

你和我活在同一個時間

在微乎其微的誤差範圍內活在同一個時間，當作同一個時間也沒什麼關係吧。

Hubble Space Telescope 哈伯太空望遠鏡

透過來自宇宙的可見光眺望宇宙

可以看見：光（近紅外線～可見光～紫外線）

有讓太空梭修理的經驗。

DATA

所屬機構	NASA（美國太空總署）和ESA（歐洲太空總署）
所在地	離地表550公里的宇宙空間
歷史	1990年4月24日升空
備註	是現役的望遠鏡，用2.4m的主鏡在宇宙空間進行觀測

哈伯太空望遠鏡離開地球，在宇宙中四處飛行。用像是打開蓋子的部位觀測宇宙。
照片提供：NASA

離開地球，觀察宇宙！

首先想介紹給各位的，就是飛出地球大氣層眺望宇宙的望遠鏡「哈伯太空望遠鏡」。

哈伯太空望遠鏡是美國太空總署（NASA）在1990年4月24日利用太空梭升空，長約13m、深度約4m的圓柱狀太空望遠鏡，位於離地表550公里的高處，現在也以每95分鐘繞地球一周的速度飛行。備有直徑2．4m的鏡片，透過鏡片收集從近紅外線到可見光、紫外線的光來觀測宇宙。

從地球的上方觀測有一個極大的好處，那就是不會受到大氣的影響，可以用人類眼睛100億倍的感光度來觀看宇宙。

嘗試推測出了宇宙的年齡！

哈伯太空望遠鏡從1990年升空以來，直到2019年的現在也持續在眺望著宇宙，並且已經觀測到了許多星體和星系。即使只算上這些為數眾多的漂亮照片，也是很驚人的成果了，但它還有許多觀測成果成為了我們現在宇宙論的基礎。

其中之一就和宇宙的膨脹及年齡有關。就像在第一部說明的一樣，宇宙現在也持續在膨脹。約100年前，愛德溫・哈伯（Edwin Powell Hubble）第一次測出宇宙膨脹的速度，哈伯太空望遠鏡的命名就是源自於他的名字。宇宙膨脹的基準數被稱為哈伯常數，而初次進行精密測量的就是哈伯太空望遠鏡。現在，我們推測宇宙的年齡大約為138億年。

另外，哈伯太空望遠鏡也正在透過重力透鏡效應，試圖釐清包覆住星系的暗物質的存在。真厲害！

哈伯太空望遠鏡所觀測到的NGC 7331，位於距離地球約1200萬光年的地方。
照片提供：ESA/Hubble & NASA/D. Milisavljevic(Purdue University)

前輩重要的收藏品

哈伯前輩（Hubble Space Telescope）
住在離地表約550公里高處的宇宙空間中。從1990年就一直觀測著宇宙。

超過130萬次的觀測資料
在2017年時，據說已經進行了超過130萬次的觀測，看到42000個以上的天體。

Subaru Telescope 昴星團望遠鏡

在夏威夷的山上用光眺望宇宙

可以看見 光（紅外線～可見光）

DATA

所屬機構	NAOJ（日本國立天文台）
所在地	美國夏威夷的毛納基山頂
歷史	1999年1月開始觀測測試
備註	在標高4100m的毛納基山頂，主鏡是8.2m的望遠鏡

架設在毛納基山頂的昴星團望遠鏡的圓頂。可看見內部藍色的望遠鏡結構。
照片提供：日本國立天文台

從夏威夷的山上觀察宇宙！

在漂浮於太平洋的夏威夷群島中，日本的國立天文台引以為傲的大型望遠鏡——昴星團望遠鏡，就位於夏威夷島毛納基山頂標高4100m的地方觀測宇宙。

在高43m，直徑40m的圓頂中，建有高22m的望遠鏡。這個望遠鏡設有8・2m的大型鏡片（主鏡），其表面的凹凸程度在0・012微米以下！被磨得閃閃發亮呢。

昴星團望遠鏡就是用這個精密又巨大的主鏡，收集宇宙中細微的光，再利用各種技術組合成清晰的畫面，以進行觀測。

來做暗物質的地圖吧！

昴星團望遠鏡在星體和星系的觀測上，獲得了許多成果，而它同時也在進行探究宇宙歷史的觀測。

其中一個計劃就是日本國立天文台和東京大學等共同進行的SuMIRe計畫。SuMIRe計畫的目的是解開現在依然一無所知的暗物質及暗能量的謎團，關鍵的兩種裝置分別就是觀測宇宙用「超廣角主焦點相機Hyper Suprime-Cam（HSC）」，以及能詳細分析觀測到的光的「主焦點光譜儀Prime Focus Spectrograph（PFS）」。使用這種裝置，就能正確調查遠方星系的分布，做出暗物質的分布圖，一般甚至認為這種裝置能夠更詳細地調查導致宇宙加速膨脹的暗能量。

用超廣角主焦點相機Hyper Suprime-Cam拍攝，距離1200萬光年的螺旋星系M81。
照片提供：日本國立天文台／HSC Project

阿昴的新裝備

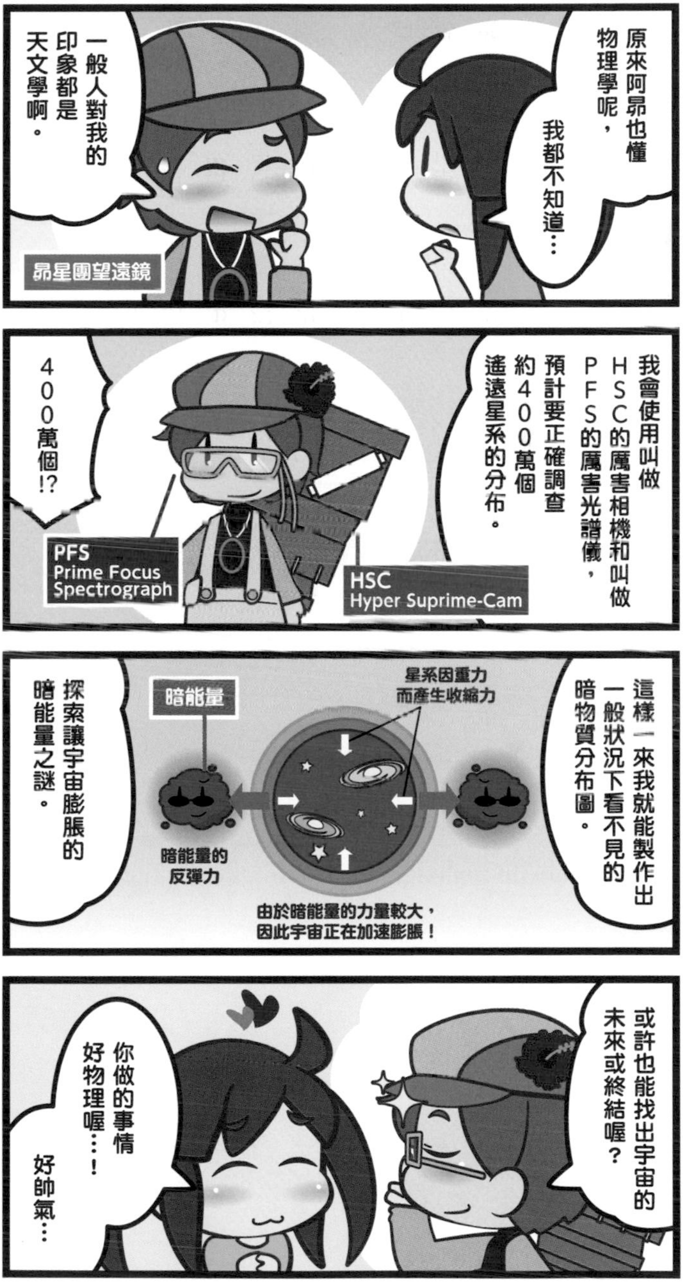
原來阿昴也懂物理學呢，
我都不知道…
一般人對我的印象都是天文學啊。
昴星團望遠鏡
我會使用叫做HSC的厲害相機和叫做PFS的厲害光譜儀，
預計要正確調查約400萬個遙遠星系的分布。
400萬個!?
PFS
Prime Focus Spectrograph
HSC
Hyper Suprime-Cam
這樣一來我就能製作出一般狀況下看不見的暗物質分布圖。
探索讓宇宙膨脹的暗能量之謎。
暗能量
星系因重力而產生收縮力
暗能量的反彈力
由於暗能量的力量較大，因此宇宙正在加速膨脹！
或許也能找出宇宙的未來或終結喔？
你做的事情好物理喔…！
好帥氣…

昴星團望遠鏡
位於美國夏威夷島毛納基山的山頂。從海拔4205m的地方眺望遙遠的星體。

暗能量
和暗物質一樣，我們還一無所知的能量。因為有暗能量，宇宙才會持續膨脹。

ALMA（Atacama Large Millimeter/submillimeter Array）

ALMA望遠鏡（阿塔卡瑪大型毫米及次毫米波陣列）

從阿塔卡瑪沙漠用電波眺望宇宙

可以看見　光（電波）

捕捉塵埃、氣體和
胺基酸發出的電波
66台
天線陣列

DATA

所屬機構	ESO（歐洲南方天文台）、NRAO（美國國家電波天文台）、NAOJ（日本國立天文台）合作運用
所在地	智利、阿塔卡瑪沙漠
歷史	2011年9月開始做科學觀測
備註	在直徑16公里的範圍內配置、運用66台天線的巨大電波望遠鏡

阿塔卡瑪沙漠和ALMA望遠鏡的天線陣列。
照片提供：ALMA(ESO/NAOJ/NRAO)/O. Dessibourg

從智利的沙漠用電波觀察宇宙！

在南美智利北部阿塔卡瑪沙漠標高5000m的高原上，並排著66座的天線陣列。運用大量的天線捕捉來自宇宙的微弱電波並進行觀測，這就是阿塔卡瑪大型毫米及次毫米波陣列的ALMA望遠鏡。

ALMA望遠鏡由54座口徑寬12m的拋物面天線，和12座口徑寬7m的拋物面天線，總計66座天線組合成一座巨大的電波望遠鏡運作。其解析度大約是昴星團望遠鏡的10倍，以人類比喻的話相當於「視力6000」，能夠觀測到星體或行星的材料（如塵埃、氣體）或是可能變成生命原料的物質中所散發出的微弱電波。

可以用電波看到的原行星盤

ＡＬＭＡ望遠鏡開始做科學觀測後尚未滿10年，就已經獲得許多驚人的成果了。其中之一，就是看到原行星盤中行星形成的樣子。ＡＬＭＡ望遠鏡能夠藉由仔細觀測行星原料（微小塵埃和氣體）所發出的電波，看到恆星周圍的行星逐漸形成的模樣。下圖就是ＡＬＭＡ望遠鏡觀測到的影像，從這張照片可以看出原行星盤中同心圓狀的縫隙正在形成。一般認為，這就是行星形成的現場畫面。

另外，ＡＬＭＡ望遠鏡也藉由捕捉氧氣所發出的電波，查明了哈伯望遠鏡看到的星系約在１３２億８０００萬光年的距離之外。也就是說，這是１３２億８０００萬年前的星體傳來的資訊，這也成為了在調查誕生於黑暗時期後的星系時，研究星體誕生的重要線索。

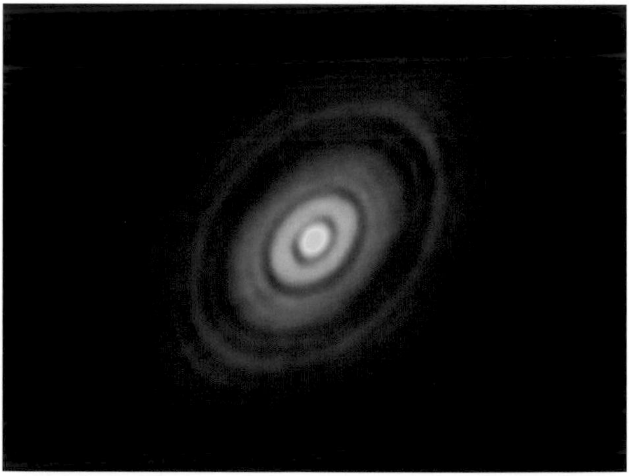

ALMA望遠鏡所觀測到的金牛座HL星周圍的盤狀塵埃。我們所居住的太陽系剛誕生時，或許也是這個模樣。
照片提供：ALMA(ESO/NAOJ/NRAO)

ALMA老師和優秀的天線們

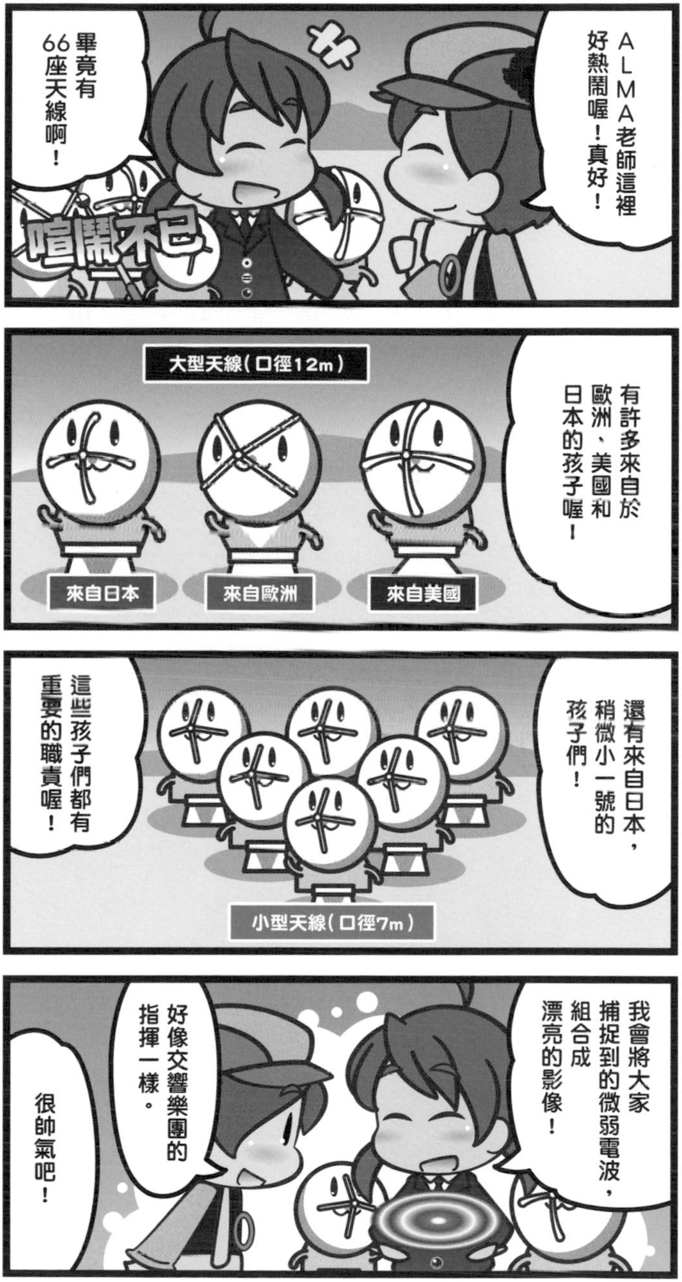
ALMA老師這裡好熱鬧喔！真好！
畢竟有66座天線啊！
喧鬧不已
有許多來自於歐洲、美國和日本的孩子喔！
大型天線（口徑12m）
來自日本
來自歐洲
來自美國
還有來自日本，稍微小一號的孩子們！
這些孩子們都有重要的職責喔！
小型天線（口徑7m）
我會將大家捕捉到的微弱電波，組合成漂亮的影像！
好像交響樂團的指揮一樣。
很帥氣吧！

ALMA老師
位於智利海拔5000公尺的阿塔卡瑪沙漠。用66座天線捕捉到的電波觀看宇宙。

66座天線
配合觀測的目標，天線的位置最大可以拓展到16公里的範圍。

CTA（Cherenkov Telescope Array）
切倫科夫望遠鏡陣列

從北半球和南半球，用伽瑪射線眺望宇宙

可以看見 光（伽瑪射線）

DATA

所屬機構	國際共同計畫
所在地	預計設置在智利的阿塔卡瑪沙漠和西班牙的加那利群島
歷史	2018年10月完成1號機，預計2025年全面運作
備註	這座望遠鏡設置了大量的探測器，捕捉來自宇宙的超高能伽瑪射線在地球大氣層上形成的契忍可夫輻射

已經完工的1號機照片（上），以及未來的完成藍圖（下）。
照片提供：Takeshi Nakamori, Gabriel Pérez Diaz(Instituto de Astrofísica de Canarias)

用伽瑪射線眺望宇宙！

之前我們介紹的望遠鏡，都是用可見光、紅外線或電波等光線觀測，不過CTA的計畫目標是用非常高能量的伽瑪射線，從北半球和南半球的兩個地方進行整個天空的觀測。透過觀測比可見光多1兆倍能量的超高能伽瑪射線，調查它是在哪裡誕生然後飛到地球的。

CTA試圖觀測在宇宙中會產生超高能伽瑪射線的各種現象，例如位於星系中心的巨大黑洞、星體在生命最後引發的超新星爆發的剩餘氣體、黑洞之類的天體的合體、暗物質的湮滅等，以解開其中的謎團。

電磁射叢和契忍可夫輻射

當能量非常高的粒子從宇宙飛向地球的大氣層後，會和組成大氣的氮原子等原子核發生反應，形成大量的新粒子，而這些粒子又會再形成其他粒子，接著又繼續……宛如雪崩一樣，會有許多粒子形成，飛向地球表面。這個現象就稱為空氣簇射（Air shower），而由CTA的觀測目標「超高能伽瑪射線」所引起的空氣簇射現象，則特稱為電磁射叢（Electromagnetic shower）。電磁射叢會大量形成電子、正電子和伽瑪射線，其中的電子和正電子在大氣中行進時，會放出些許叫做契忍可夫輻射的藍光。CTA就是利用設置在地面上的許多望遠鏡，從各個方向觀測這些藍色的微弱光線。只要從觀測結果推算，就能得知超高能伽瑪射線飛來的方向和能量。

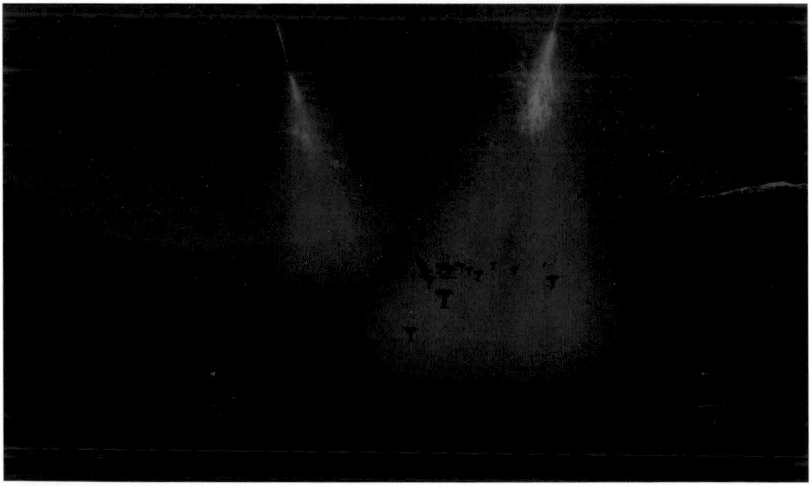

空氣簇射的示意圖。
照片提供：DESY/Milde Science Communication

從北邊看，也從南邊看

Aloha! CTA妹妹！
¡Hola! 阿昴~
咦？妳哥哥沒有一起來嗎？
哥哥已經先在西班牙開始伽瑪射線的觀測囉~
西班牙
卡那利群島
我也預計要在智利準備望遠鏡進行觀測了~
智利
阿塔卡瑪沙漠
北半球的哥哥加上南半球的我，幾乎能看到全部的天空喔~
透過來自宇宙的伽瑪射線可以看到許多東西吧…
真好…

CTA的哥哥（北陣列）
在西班牙卡那利群島的山上，用兩種尺寸的望遠鏡進行觀測。

CTA的妹妹（南陣列）
預計在智利的高地阿塔卡瑪沙漠，用三種尺寸的望遠鏡進行伽瑪射線的觀測。

WMAP（Wilkinson Microwave Anisotropy Probe）
威爾金森微波各向異性探測器

眺望宇宙的盡頭

可以看見｜光（電波）

DATA

所屬機構	NASA（美國太空總署）
所在地	距離地球150萬公里的拉格朗日點
歷　史	2001年6月30日升空，2010年8月19日回收最後的資料
備　註	為了仔細調查大霹靂後殘留的宇宙微波背景輻射的觀測機

WMAP升空的樣子。
照片提供：NASA/WMAP Science Team, NASA/KSC

眺望大霹靂所殘留的輻射！

要直接掌握距今138億年前發生了大霹靂的證據非常困難，不過並非完全不可能。其中一種表現出色的方法，就是這座WMAP。

WMAP透過光眺望的是宇宙的盡頭。觀看遙遠的宇宙，就是觀看以前的宇宙。透過光可看見的宇宙盡頭，就是光子開始能四處自由移動、宇宙放晴時的模樣。

WMAP觀測宇宙所有的方向後，成功觀察到了宇宙放晴時的模樣，而且無論哪個方向都一樣，僅有極微小的差異。

WMAP所決定的宇宙參數

WMAP所進行的宇宙盡頭觀測，可以直接看到宇宙誕生後沒多久的樣子，光是這樣就已經是非常驚人的成果了。分析這個成果後，我們還得以知道宇宙的年齡以及宇宙的大小。

另外，我們也知道了在我們的宇宙中，電子和夸克等已知的物質只佔了5％左右，其他幾乎都是由暗物質和暗能量所組成。

WMAP雖然交出了這麼驚人的成果，不過已經在2010年時退役。之後為了接續WMAP的觀測任務，ESA（歐洲太空總署）在2009年發射普朗克衛星（Planck），直到2013年為止再次進行了全天的觀測。根據普朗克衛星的觀測結果，宇宙的年齡比以往認為的137億年多了1億年，現在都認為是138億年。

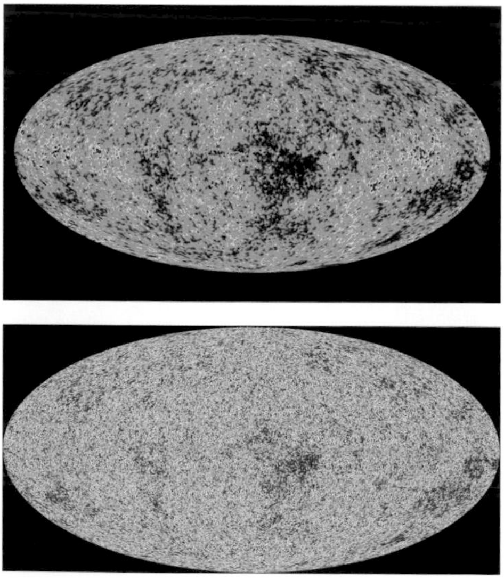

WMAP和普朗克衛星看到的宇宙盡頭的溫度分布圖。
照片提供：NASA, ESA, Planck Collaboration

用光可看到的極限

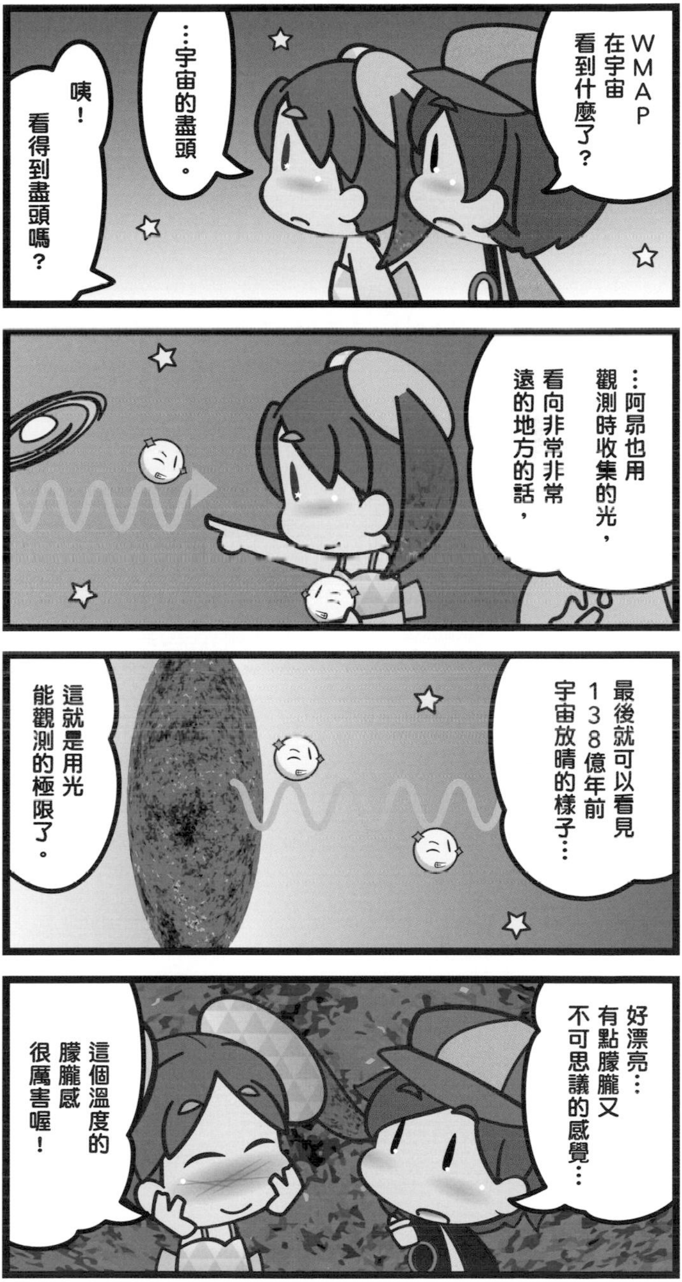
WMAP在宇宙看到什麼了？
…宇宙的盡頭。
咦！看得到盡頭嗎？
…阿昂也用觀測時收集的光，看向非常非常遠的地方的話，
最後就可以看見138億年前宇宙放晴的樣子…
這就是用光能觀測的極限了。
好漂亮…有點朦朧又不可思議的感覺…
這個溫度的朦朧感很厲害喔！

WMAP
位於距離地球約150萬公里的宇宙空間，花費9年的時間一直看著宇宙的盡頭。

模模糊糊
在宇宙盡頭的溫度分布中有些模糊的地方，這也解開了宇宙的各種祕密。

宇宙微波背景輻射（CMB）偏振觀測實驗

透過光觀看暴脹

可以看見｜光（偏振）

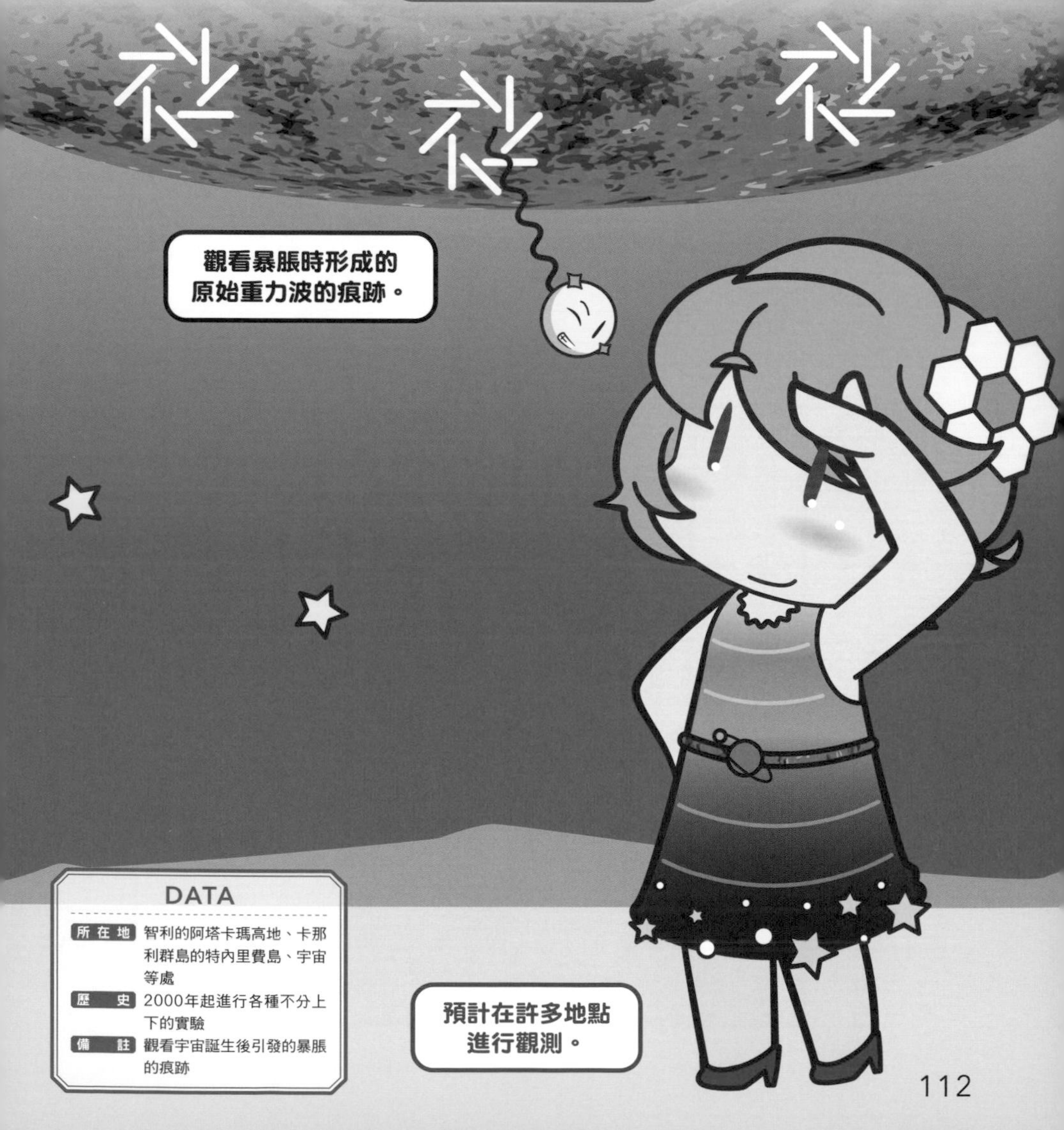
觀看暴脹時形成的
原始重力波的痕跡。
預計在許多地點
進行觀測。

DATA

所在地	智利的阿塔卡瑪高地、卡那利群島的特內里費島、宇宙等處
歷史	2000年起進行各種不分上下的實驗
備註	觀看宇宙誕生後引發的暴脹的痕跡

此望遠鏡用來觀測來自宇宙特別狀態的光，Simons Array（左）和GroundBIRD（右）。
照片提供：POLARBEAR/Simons Array實驗團隊，及GroundBIRD實驗團隊

從宇宙放晴觀察暴脹！

我們在介紹宇宙的歷史時也提過，透過光可看見的，就是光能自由行動、宇宙放晴之後的宇宙，我們無法直接觀看在這之前剛誕生的宇宙。

不過，其實有個方法能夠觀測暴脹發生時的樣子。暴脹時形成的時間和空間的漣漪（原始重力波），會影響宇宙放晴時的光，留下特別的痕跡。

只要觀測這種現象，就能夠進行暴脹的證實。以仔細觀測宇宙放晴時的狀態為目的，現在正在不同的場所計畫、實施各式各樣的觀測實驗。

暴脹和原始重力波

我們一般認為宇宙因為暴脹，而一瞬間從原子核的大小膨脹成太陽系的大小。此時，量子力學的測不準原理（Uncertainty principle）發揮了有趣的作用。簡單來說，就是「在微小的世界中，許多東西是無法精準確定的」這樣的感覺。那些在微小的世界中，無法精準定位、僅有些許差異的東西，會因為暴脹而一口氣拉長，變成肉眼可見的偏差。一般認為，就是因為這種差異使得宇宙物質的分布出現偏差，進而發展成星體、星系、大尺度結構。此外，時間和空間的漣漪，以原始重力波的形式存在於宇宙當中，人們認為重力波在宇宙放晴時的光上留下了特別的痕跡，而望遠鏡GroundBIRD／Simons Array／Simons Observatory，以及觀測衛星LiteBIRD打算從地表和宇宙中尋找這些痕跡。

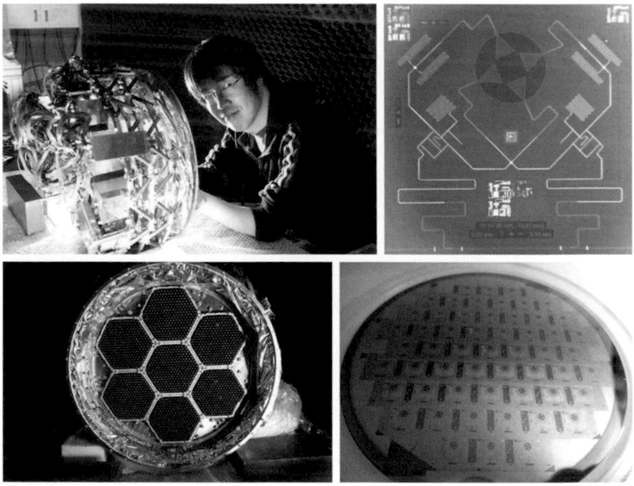

Simons Array收信機的焦點面（左上、左下），和GroundBIRD所使用的最新超傳導感測MKID（右上、右下）。
照片提供：GroundBIRD實驗團隊，及POLARBEAR/Simons Array實驗團隊／高能加速器研究機構廣報室

不斷旋轉的光？

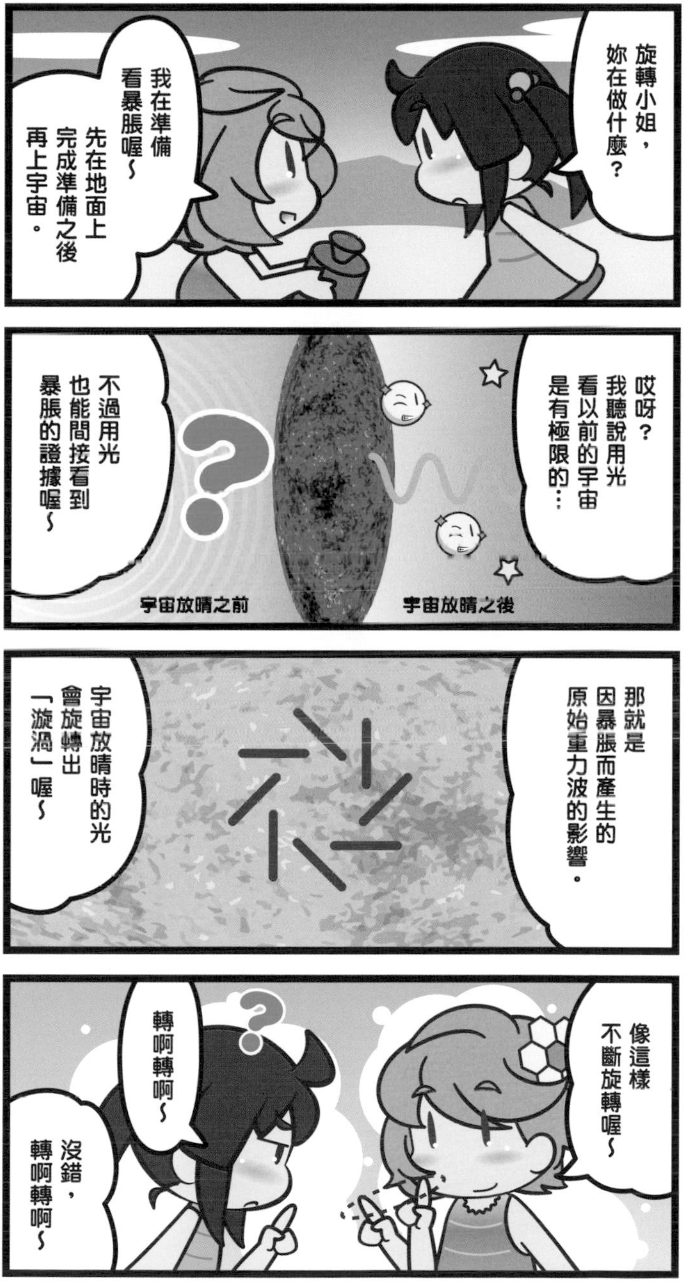

旋轉小姐
為了觀看暴脹的痕跡，正在各種地方做不同的實驗。

轉啊轉啊
正確來說叫做B模偏振，因原始重力波的影響，宇宙放晴時的光上應該有留下痕跡。

Super-Kamiokande
超級神岡探測器

從神岡礦山用微中子眺望宇宙

可以看見 ｜ 微中子

超新星爆發
超新星微中子
正在試圖觀測從超新星爆發中出現的超新星微中子喔！

DATA

所屬機構	東京大學宇宙射線研究所
所在地	岐阜縣飛驒市神岡町
歷史	1996年4月開始觀測
備註	設置在地底下1000m處。世界最大的水契忍可夫宇宙基本粒子觀測裝置

超級神岡探測器內部的模樣。可以看見許多光電倍增管並排著。
（攝影協力：東京大學宇宙射線研究所　神岡宇宙基本粒子研究設施）

用微中子觀察宇宙！

觀察宇宙最主要的方法就是用光，但不只有這種方法。比如，觀測基本粒子之一的微中子也是一種方法。觀察宇宙初期誕生的微中子，或是遙遠星體所產生的微中子，我們就可以了解宇宙。

雖然世界各地都有觀測微中子的裝置，不過其中最有名的就是位於日本岐阜縣飛驒市神岡町的神岡礦山地底下1000m處，主要由東京大學宇宙射線研究所運用的水契忍可夫宇宙基本粒子觀測裝置「超級神岡探測器」。直徑約39m，高約41m的圓柱狀容器，可以容納約5萬噸的超純水，而周圍約有11000個光探測器（光電倍增管）用來進行微中子的觀測。

用微中子看超新星爆發！

所謂的超新星爆發，就是星體壽命結束時所引起的大規模爆炸。一般認為，這種時候會有許多物質分散到宇宙空間中，其中之一就是微中子。超級神岡探測器的上一代神岡探測器，在１９８７年時觀測到了超新星爆發產生的微中子。小柴昌俊博士的貢獻獲得肯定，在２００２年獲得諾貝爾物理學獎。

很遺憾的，後繼的超級神岡探測器無法觀測到超新星爆發產生的微中子。這是因為，在可觀測的範圍內並沒有發生超新星爆發。雖然這也無可奈何，不過研究員並沒有因此放棄。他們思考，如果是過去發生的超新星爆發殘留的微中子，也就是超新星微中子，是否就能夠觀測到了？雖然現狀難以區分背景干擾，不過會將這種觀測列為目的之一，繼續提升超級神岡探測器的性能，並計畫後續項目的超巨型神岡探測器（Hyper-Kamiokande）。

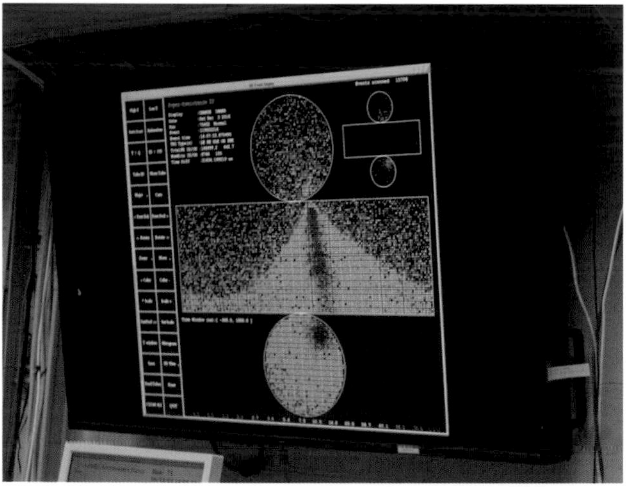

礦山內控制室的展示螢幕。超級神岡探測器檢測到的資料會像這樣顯示出來。

觀察超新星爆發的殘留物

找不到的超新星爆發

據說每100年或每10年才得以觀測到一次超新星爆發，總之有許多種說法。

10的17次方個超新星爆發

100,000,000,000,000,000個，數量非常多。這些殘留物就叫做超新星微中子。

IceCube 冰立方微中子天文台

用微中子眺望宇宙

可以看見｜高能量的微中子

DATA

所屬機構	12個國家的共同計畫（2017年11月時）
所在地	南極點附近距離表面1.5公里至2.5公里的冰層
歷史	2011年4月開始用全部探測器觀測
備註	用南極表面下的冰，觀測來自宇宙的高能量微中子

位於南極點艾孟森-史考特南極站旁的IceCube實驗室。
照片提供：Felipe Pedreros, IceCube/NSF

從南極用微中子觀察宇宙！

科學家只要有最適合進行實驗的場所，就會跑去那裡做實驗，無論是地底深處、宇宙或南極都一樣。為了觀測來自宇宙的高能量微中子，有個實驗使用南極點附近距離表面1・5至2・5公里深的冰層，那就是IceCube（冰立方微中子天文台）。

IceCube的基本原理就和神岡探測器一樣，不過用來產生契忍可夫輻射的，不是儲存在容器中的水，而是南極的冰。使用10億噸的冰，用埋在冰層中的探測器觀測從宇宙飛來的微中子所引起的契忍可夫輻射。

用南極的冰觀測微中子！

IceCube觀測微中子的方法，只是把水換成冰，基本上和超級神岡探測器是一樣的。不過IceCube並不像超級神岡探測器一樣，在容器的牆上設有許多的光探測器（光電倍增管）。IceCube是將光探測器放入球狀的容器內，像念珠一樣串成好幾條觀測鍊之後，再埋入距離南極表面1500m至2500m深的冰層下。其探測器的數量竟然多達5000個！IceCube透過這些大量的探測器和南極的冰，觀測來自宇宙的各種微中子，例如超新星爆發產生的微中子，或是不曉得在宇宙哪裡產生的高能量微中子等，試圖解開宇宙的謎團。

另外，IceCube也以提升檢測能力為目標，訂定了IceCube-Gen2的計畫。這個計劃的名字來自棲息在南極大陸附近的巴布亞企鵝（Gentoo penguin），真可愛！

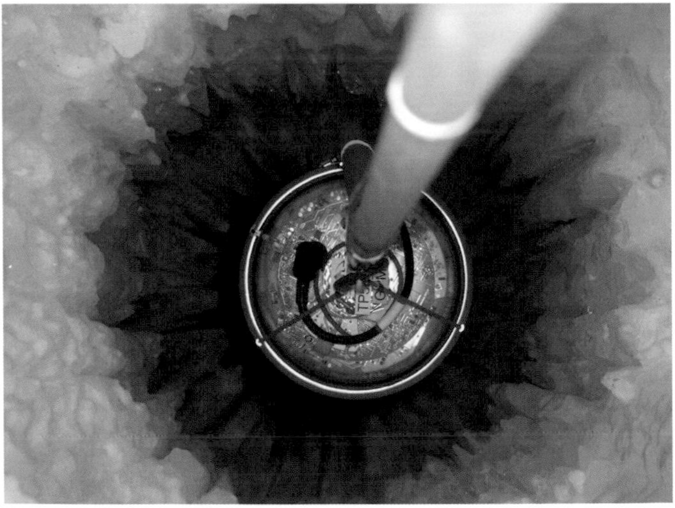

照片提供：Mark Krasberg, IceCube/NSF

微中子獵人！

就像這樣，冰層中懸吊著許多叫做DOM的球，用來檢測光。
DOM
IceCube小姐
飛進冰中的微中子會和原子核或電子互相碰撞，
緲微中子
高速飛出的緲子或電子會發出契忍可夫輻射並被檢測到。
契忍可夫輻射
不是像超級神岡探測器用水裝滿容器，
而是在又大又漂亮的冰層中進行實驗的感覺。
超級神岡探測器
IceCube
就好像在釣微中子一樣，好酷喔～
不過就算這樣！
也不需要在南極做啊…好冷喔…
因為只有南極有許多乾淨的冰啊。

IceCube小姐
正在用南極的冰觀測微中子。願意來到這種地方做實驗的研究員還真厲害。

DOM
取自「Digital Optical Module」的第一個英文字母。約有5000個DOM埋在冰層內，等待著微中子。

KAGRA, Large-scale Cryogenic Gravitational wave Telescope
大型低溫重力波望遠鏡　暱稱KAGRA

用重力波眺望宇宙

可以看見｜重力波

DATA

所屬機構	東京大學宇宙射線研究所、日本國立天文台、高能量加速器研究機構等
所在地	岐阜縣飛驒市神岡町
歷史	預計2019年正式開始觀測
備註	目標是在神岡地底下探測來自宇宙的重力波

這個管線中有長達3公里的雷射「手臂」。
照片提供：日本國立天文台

從神岡地底下用重力波觀察宇宙！

之前提到的觀測裝置，都是用光或微中子觀察宇宙，但是不只有這些裝置而已。現在已經成功用相對論所預言的時空扭曲，也就是利用「重力波」觀察宇宙了。

在日本岐阜縣飛驒市神岡町建造的KAGRA，長3公里的雷射「手臂」會檢測到空間因重力波而產生的些許伸縮，從而找到重力波的證據。就算大型的重力波接近，其伸縮幅度竟然只有氫原子大小的100億分之1！

透過重力波，我們就能夠看到黑洞或中子星等非常重的星體間的合體，或者是超新星爆發的模樣。

難以觀測的重力波

KAGRA試圖用3公里長的雷射手臂，找出氫原子100億分之1長度的伸縮，對它而言搖晃和歪斜都是觀測的大敵。因此，譬如說為了不讓反射雷射的鏡面產生歪斜，是用一整塊結晶的藍寶石研磨製成，且為了不因熱而震動，將溫度冷卻到零下253度使用。另外，為了避免鏡面搖晃或雷射歪斜，要有穩定的地基，因此建造在神岡礦山之中。同樣在神岡礦山的超級神岡探測器，是為了避開高能量的宇宙射線，因此雖然兩者都在同一個地方，原因卻不一樣。

儘管重力波的觀測如此難以執行，不過在2015年9月14日，設置於美國漢福德（Hanford）和利文斯頓（Livingston）兩處的重力波觀測設施LIGO，已經成功觀測到在距離地球13億光年的地方，兩個黑洞合體時所引發的重力波。

位於兩個地方的LIGO重力波觀測設施的其中之一，華盛頓州漢福德的觀測設施。
照片提供：Caltech/MIT/LIGO Lab

開心的神岡生活

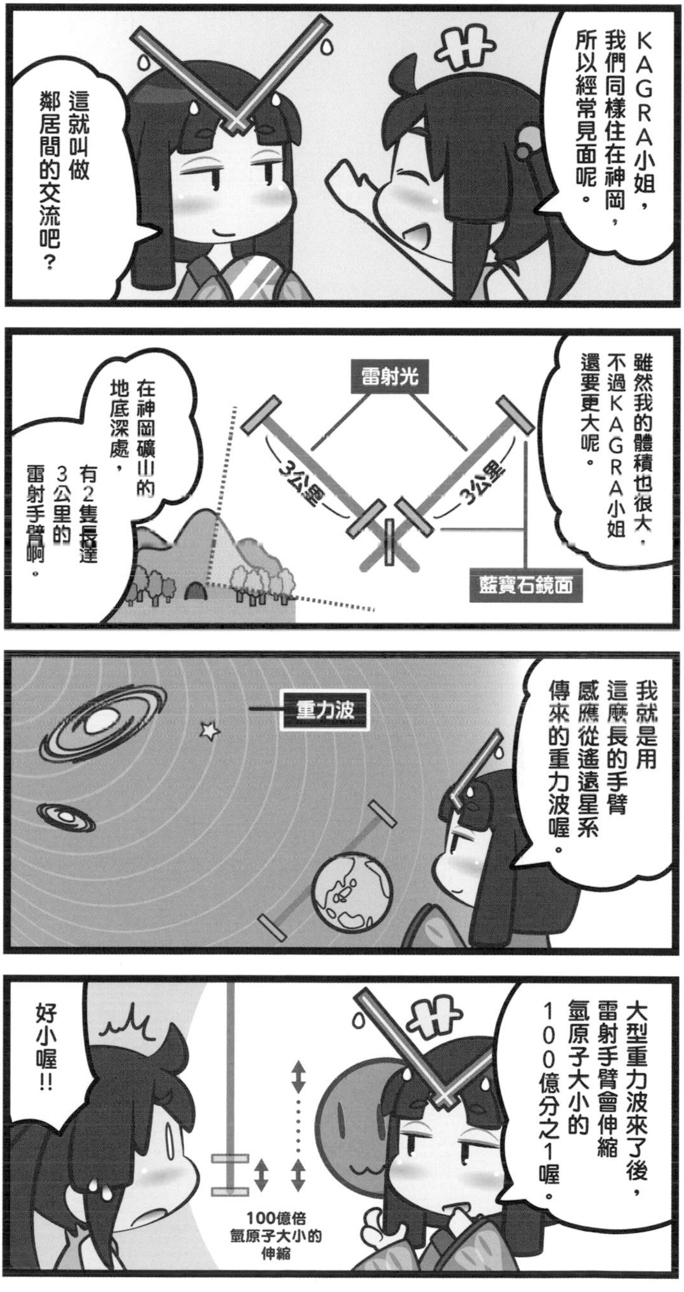
KAGRA小姐，我們同樣住在神岡，所以經常見面呢。
這就叫做鄰居間的交流吧？
雖然我的體積也很大，不過KAGRA小姐還要更大呢。
雷射光
3公里
3公里
藍寶石鏡面
在神岡礦山的地底深處，有2隻長達3公里的雷射手臂啊。
我就是用這麼長的手臂感應從遙遠星系傳來的重力波喔。
重力波
大型重力波來了後，雷射手臂會伸縮氫原子大小的100億分之1喔。
好小喔!!
100億倍
氫原子大小的
伸縮

KAGRA小姐
住在岐阜縣飛驒市神岡町的神岡礦山裡，在地底下等待來自遙遠宇宙的重力波。

重力波
根據愛因斯坦博士的相對論，擁有質量的物體運動後，就會產生時空的扭曲。

DECIGO（DECi-hertz Interferometer Gravitational wave Observatory）

用來自宇宙的重力波眺望宇宙

可以看見｜重力波

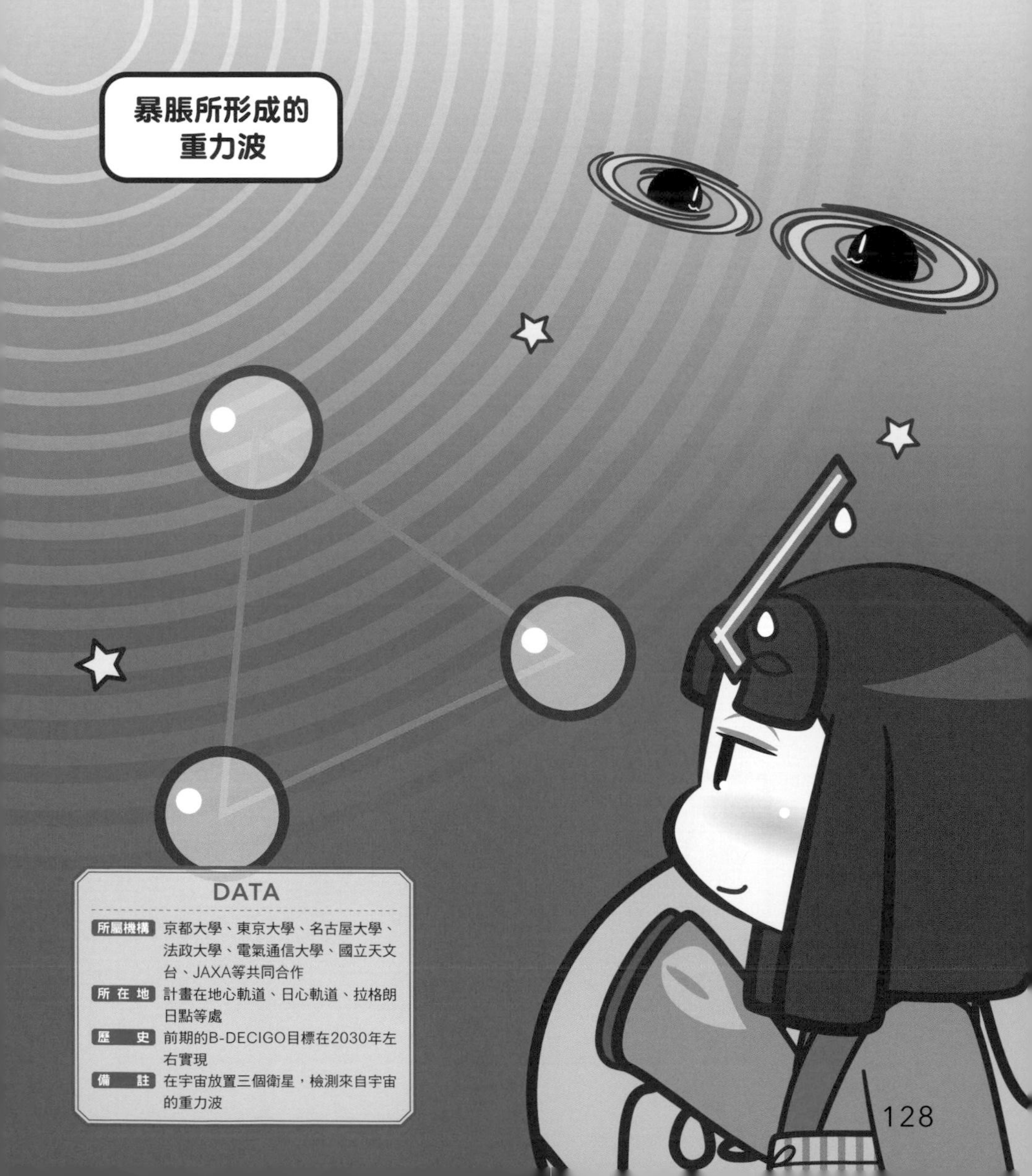

DATA

所屬機構 京都大學、東京大學、名古屋大學、法政大學、電氣通信大學、國立天文台、JAXA等共同合作

所 在 地 計畫在地心軌道、日心軌道、拉格朗日點等處

歷　　史 前期的B-DECIGO目標在2030年左右實現

備　　註 在宇宙放置三個衛星，檢測來自宇宙的重力波

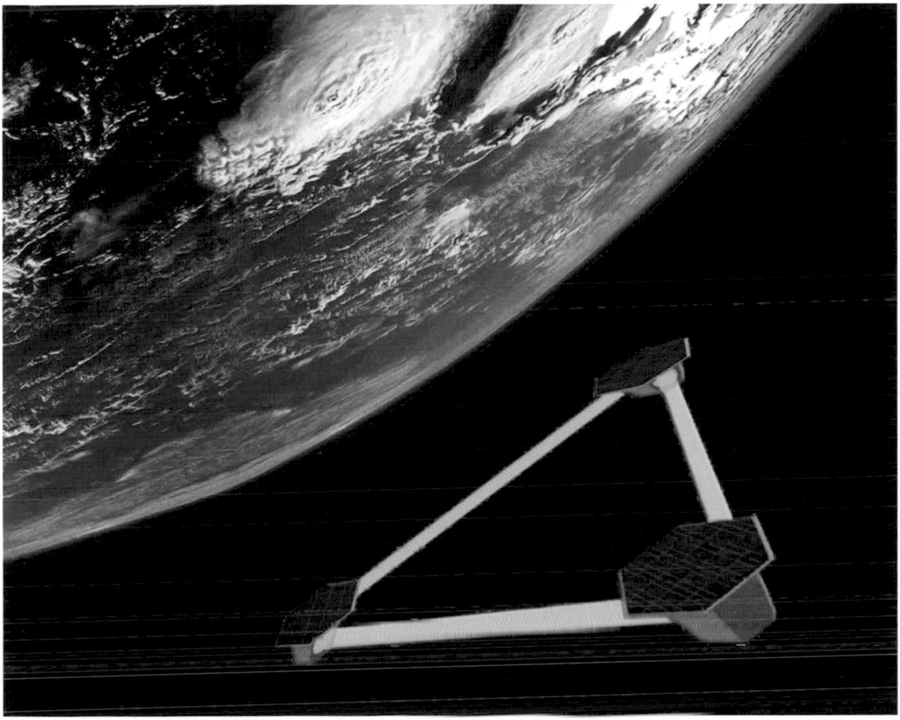

宇宙重力波望遠鏡B-DECIGO的模擬圖。
照片提供：佐藤修一

用來自宇宙的重力波觀察暴脹！

KAGRA試圖從神岡的地下深處檢測出重力波，而DECIGO計畫的目標，則是從宇宙中檢測出重力波。

DECIGO的計畫是升空三個衛星，在宇宙空間中配置成三角形，若衛星間的距離因重力波而產生變化，則可以用雷射干涉的方式捕捉到其模樣。一般認為，這個計畫可以看到無法從地面實驗看到的暴脹的模樣。

DECIGO的前期階段任務B-DECIGO，計劃將三個衛星配置成相距100公里的正三角形，藉以在宇宙空間中捕捉來自黑洞合體等現象的重力波。

用重力波觀察宇宙

KAGRA和DECIGO試圖觀測的重力波，是阿爾伯特・愛因斯坦博士於相對論中所提倡的概念。相對論漂亮地說明了重力，而根據相對論「擁有質量的物質周圍時間和空間會產生彎曲」，將這個時間和空間的彎曲以光速傳遞的，就是重力波。重力波不像光一樣會衰弱，能夠行進到任何地方，因此是觀測宇宙很好的方法，甚至應該連宇宙誕生後的暴脹模樣都能夠看到才對。

一般認為只要延長雷射手臂的話，應該能達到得以觀測來自暴脹的重力波的靈敏度，不過由於地面上的觀測會受到「地球是圓的」的限制，因此雷射手臂的長度也有極限。DECIGO的雷射手臂擁有在地面上無法實現的距離，並試圖利用這個雷射手臂觀看無法用光直接觀察的宇宙初期的模樣。

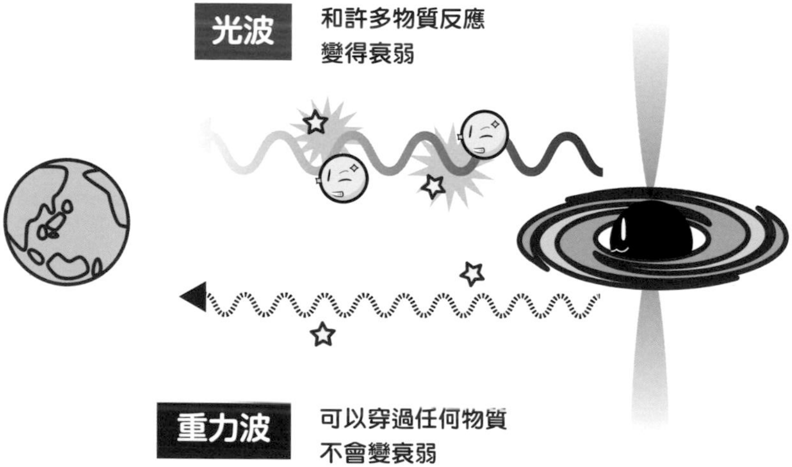
光波
和許多物質反應
變得衰弱
重力波
可以穿過任何物質
不會變衰弱

什麼是重力波？

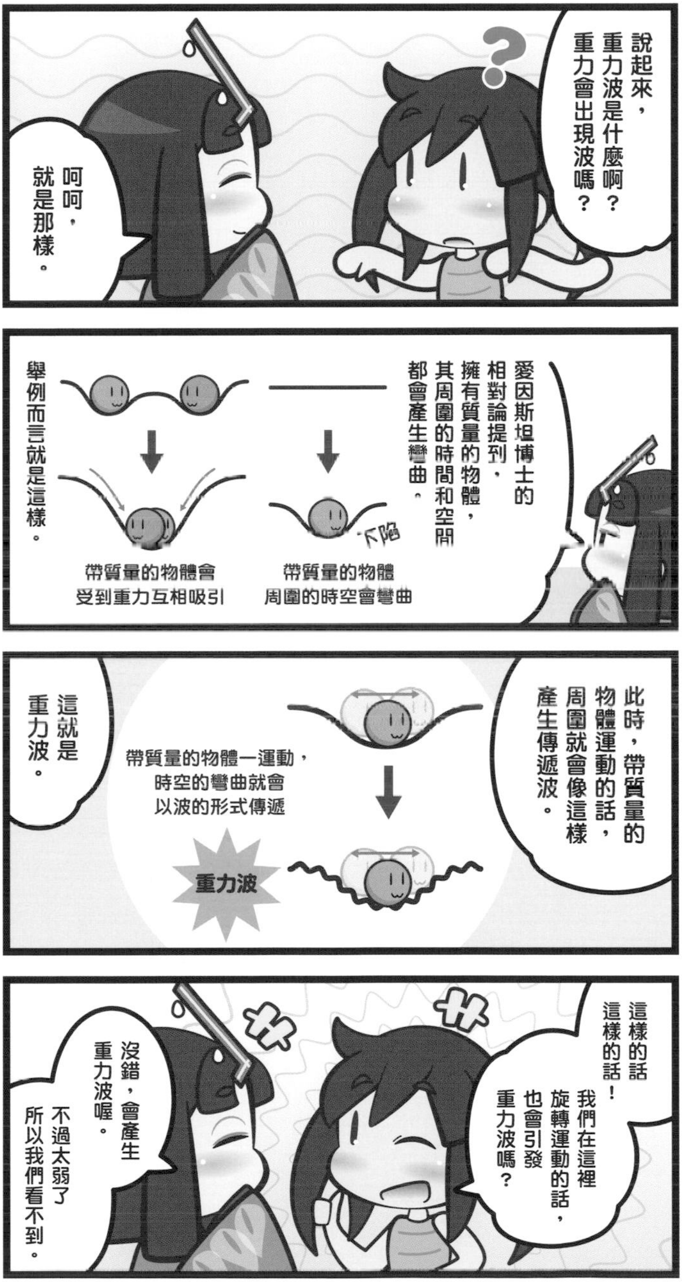

時間和空間的彎曲

感覺很像科幻小說，不過這是現實。我們難以想像時空的樣子。

太弱而無法看見的重力波

LIGO第一次觀測到的重力波，是36倍和29倍太陽質量的黑洞結合時產生的。非常重。

Column

多元訊息天文學

用各種方法眺望宇宙！

只要抬頭仰望晴朗的夜空，就能夠看到星體，光是如此便可以稱為天文學。我們能夠看到星體都是多虧了光，然而光就像波一樣，會一邊搖晃震動一邊在空間中傳遞。根據搖晃情況（波長）的不同，會使得光的性質不同。有快速搖晃的光，也有緩慢搖晃的光。我們肉眼可見的光，就稱為可見光，不過這種光只在光的搖晃情況中佔了一小部分。透過使用光的一小部分，我們可以直接，或是用望遠鏡之類的道具觀看宇宙。

不過人類想要更加仔細觀看宇宙的欲望，讓人類產生了「用肉眼無法看到的光或許會更有趣」的想法。現在已經能透過紅外線或電波之類緩慢搖晃的光，以及紫外線或X射線之類快速搖晃的光來觀看宇宙。後來更逐漸發展出名為電波天文學或X射線天文學等學問，人類開始能看見單靠可見光無法看見的各種宇宙中的天體。

接著，人類還學會了用光以外的東西觀察宇宙的方法。１９８７年時，神岡探測器利用微中子發現了超新星爆發，２０１５年時，ＬＩＧＯ用重力波成功觀測到黑洞的合體。而且ＬＩＧＯ用重力波、IceCube用微中子看到的天體，也成功重新透過光用望遠鏡觀測到了。利用光、重力波、微中子等同時觀測宇宙的多元訊息天文學（Multi-messenger astronomy），在此拉開布幕。

現在雖然只用光、重力波和微中子，但總有一天人類或許會找到新的「眼睛」來觀察宇宙也說不定。

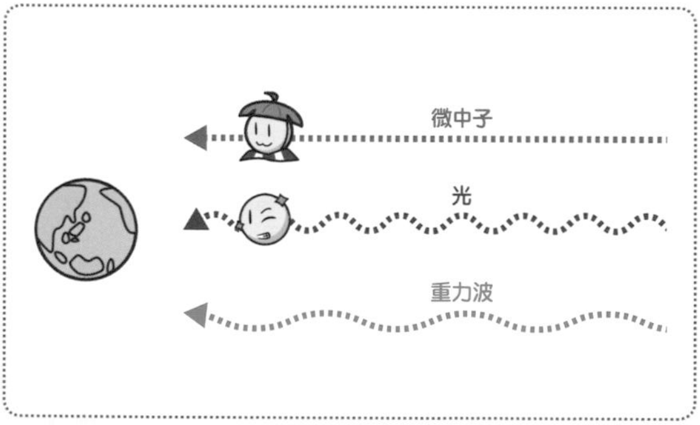

宇宙的終結
～後記～

宇宙誕生後經過了138億年，我們的宇宙不斷持續膨脹，接下來會有什麼樣的命運呢？雖然很難預測，不過現在已經從理論中推測出許多種劇本了。

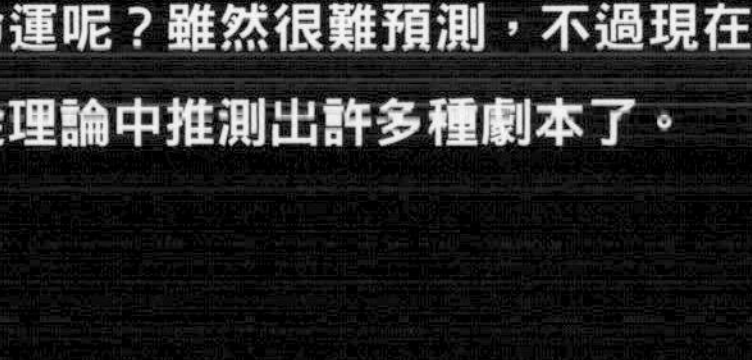

?

或許會發生的遙遠未來　劇本①

熱寂

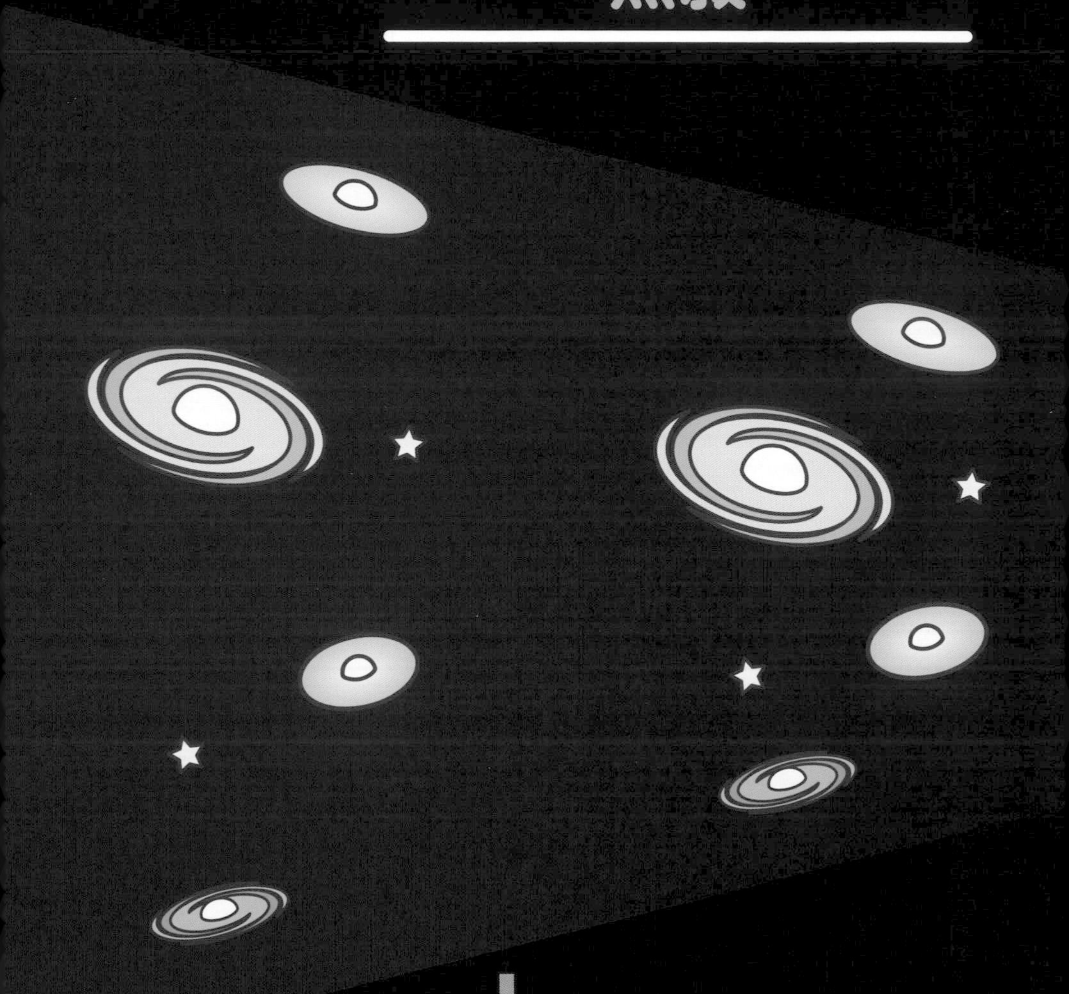

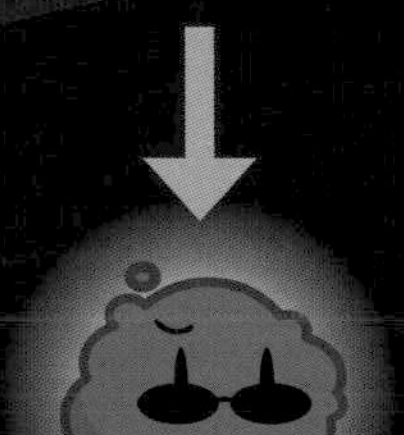

暗能量
讓宇宙膨脹的力量

這個劇本是因暴脹而一口氣膨脹，並且持續膨脹至今的宇宙，會一直將這種膨脹持續下去。雖然感覺上和現在一樣和平，但可惜的是，人類無法在這種宇宙中繼續生存下去。宇宙繼續擴大的話，星體和星系的密度就會變薄，與遙遠星系之間的距離會逐漸拉長。星體誕生之後會逐漸消失，而總有一天不會再有新的星體誕生，就連像是餘燼般留下的黑洞等天體，也總有一天會消失。這種寂寥宇宙的結局，就叫做宇宙的熱寂（Heat death of the universe）。

或許會發生的遙遠未來　劇本②

大崩墜

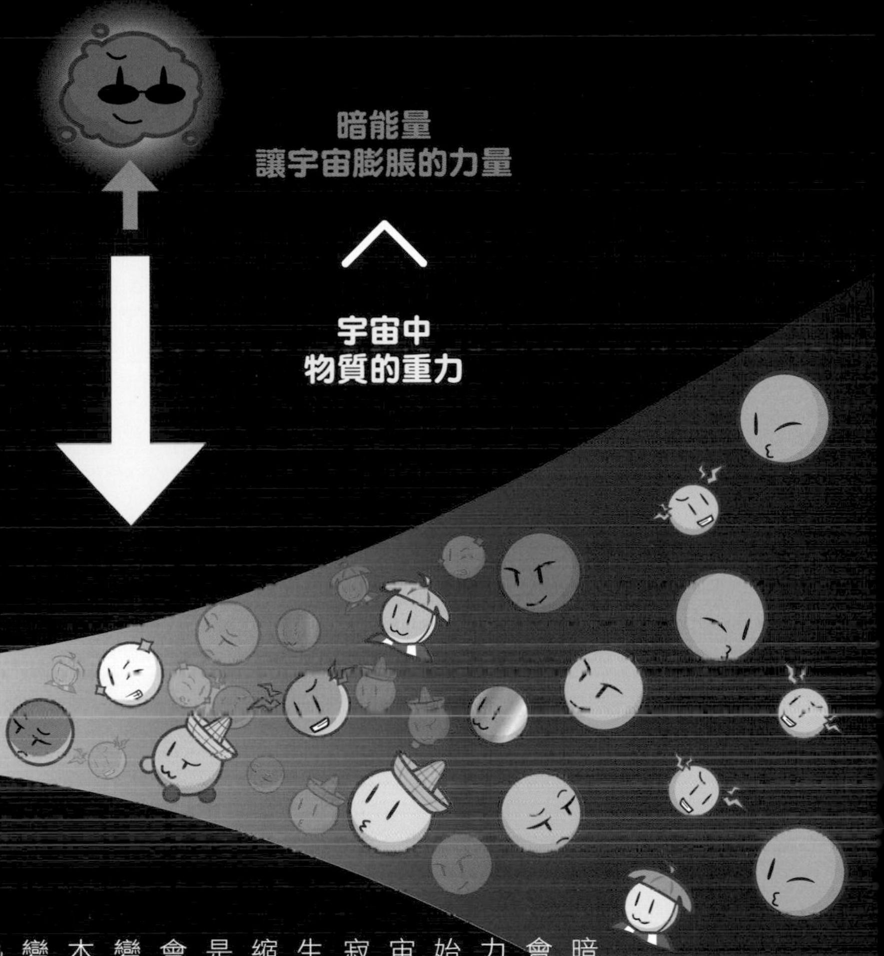

這個劇本認為，宇宙雖然因為暗能量而持續膨脹，不過膨脹並不會一直持續下去。總有一天膨脹的力量會輸給宇宙中物質的重力而開始收縮。雖然星體聚集在一起的宇宙相當熱鬧，或許一點都不會覺得寂寞，但可惜的是人類也無法繼續生活在這樣的宇宙中。宇宙持續收縮的話，溫度就會不斷上升，也就是開始反向回溯宇宙的歷史。原子會變得四分五裂，質子和中子也會變得四分五裂，變成充滿夸克等基本粒子的熱湯，這樣的宇宙會不斷變小，最後會發生什麼事呢？如此熱鬧宇宙的結局，就叫做大崩墜（Big Crunch）。

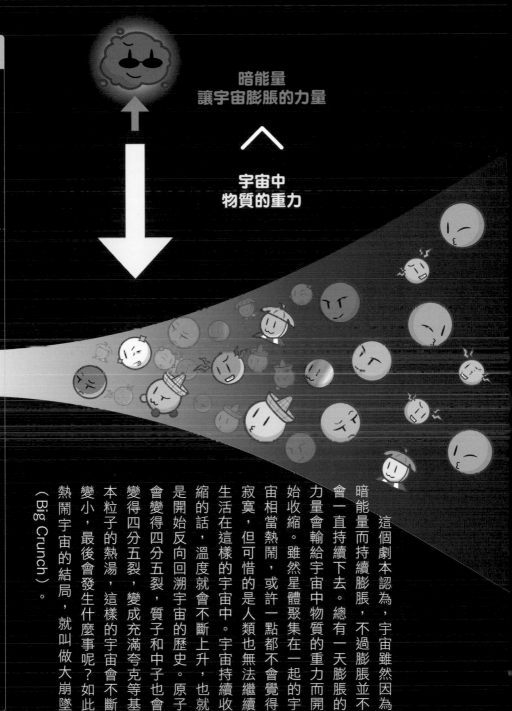

或許會發生的遙遠未來　劇本③

大撕裂

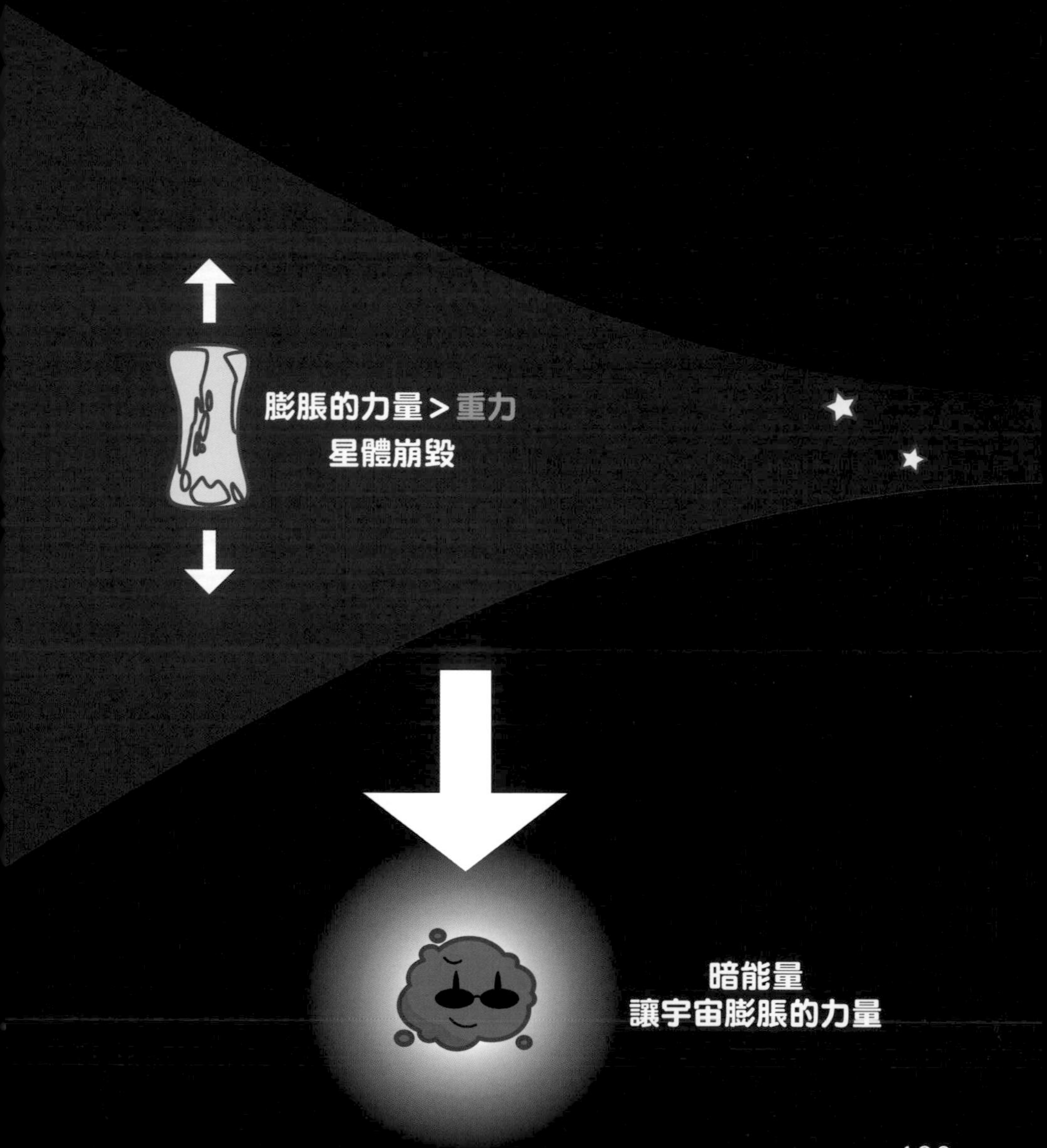
膨脹的力量 > 重力
星體崩毀
暗能量
讓宇宙膨脹的力量

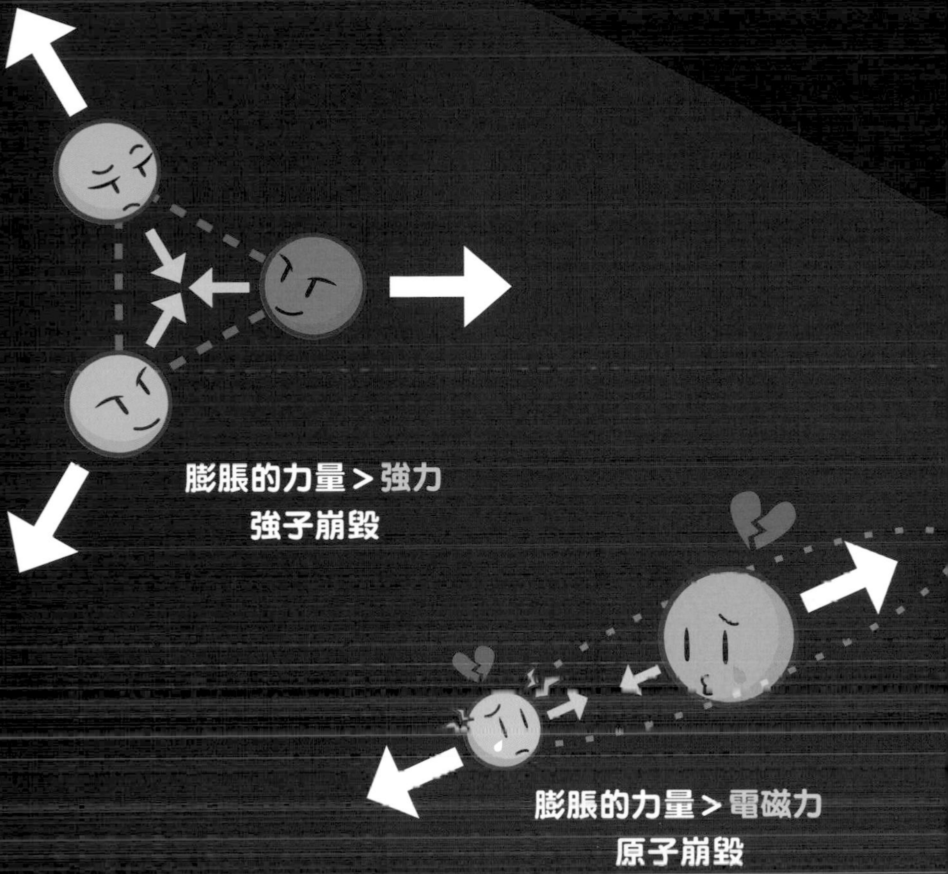
膨脹的力量＞強力
強子崩毀
膨脹的力量＞電磁力
原子崩毀

直到現在依然持續在膨脹的宇宙，不一定會以這種狀態繼續膨脹下去。也有人認為膨脹的速度會加快。乍看之下，這種劇本會邁向和劇本1類似的命運，但結局其實完全不同。持續加速膨脹的宇宙，由於膨脹的速度變得太快了，最後會掙脫電磁力、弱力、強力和重力等四種基本的作用力。因重力相連的星系或星體會四分五裂，因電磁力結合的原子會四處分散，因強力相連的質子和中子也會各自分離。基本粒子們會遠遠分開，我們人類也會分散成基本粒子的大小，這種宇宙的結局就叫大撕裂（Big Rip）。

或許會發生的遙遠未來　劇本④

真空衰變

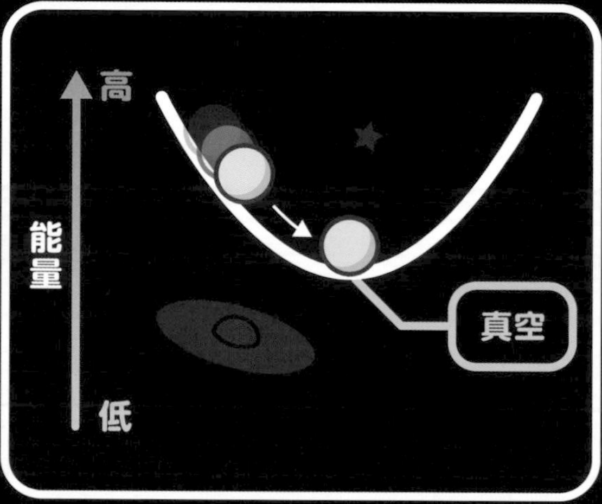

就好像將一杯溫熱的紅茶放著後會冷卻一樣，高能量的狀態會試圖變成低能量的狀態，最後穩定維持在能量最低的狀態。這種能量最低、基態（Ground State）的狀態，在粒子物理學的世界中就叫做「真空態」。

其實現在人們推測，除了我們宇宙的真空之外，其他地方也有真空，也就是有好幾個能量基態。如果存在著比我們現在的宇宙能量基態還要低能量的地方，總有一天，我們的宇宙會從某個地方，掉到能量更低的基態。因為就像冷掉的紅茶一樣，低能量的狀態比較安定。能量更低的真正基態，就叫做「真正真空（True Vacuum）」。從「真正真空」的宇宙來看，我們的宇宙滿溢著能量。若因為某個契機

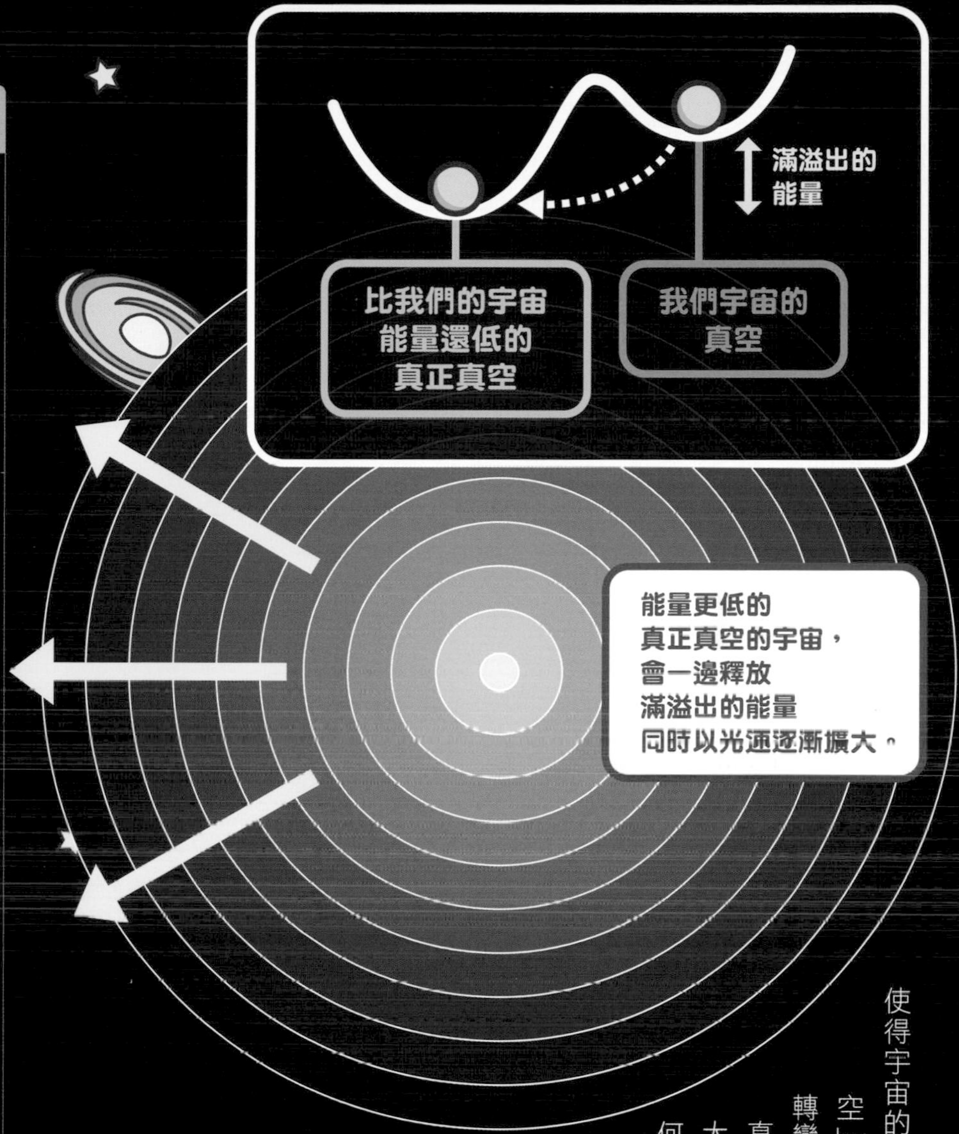
滿溢出的能量
比我們的宇宙能量還低的真正真空
我們宇宙的真空
能量更低的真正真空的宇宙，會一邊釋放滿溢出的能量同時以光速逐漸擴大。

使得宇宙的某個地方掉入「真正真空」，則較高的能量會溢出轉變成熱的形式，而「真正真空」會以光速逐漸擴大。我們無法預測這會在何時何地發生。也沒有方法可以得知這種以光速傳遞的變化。這個我們的宇宙會突然終結的劇本，就是被稱為真空衰變（Vacuum decay）的宇宙結局。

後記

最後看到預測各種宇宙終結的樣子，或許會讓人覺得有些寂寥，不過還是很感謝讀者能將此書《宇宙的歷史與觀測》看到最後。

在本書的前半部，我將「昴星團望遠鏡」和「超級神岡探測器」這兩種觀測裝置擬人化，由阿昴和ＳＫ兩個人快速地回顧了宇宙長達１３８億年的歷史。在後半部，則將努力探測宇宙歷史的觀測裝置擬人化，簡單地針對各個裝置進行說明。雖然本書有著大量的插畫和漫畫，但同時也是一本相當認真的書（才對）。我想盡可能讓這本書淺顯易懂，讓人能夠快速翻閱，但或許還是有難以看懂的部分。即使如此，我還是很感謝能夠看到這裡的讀者。

本書雖然主打宇宙的歷史，卻有一半左右都在講基本粒子的事，這不僅是因為我很喜歡基本粒子，同時也是因為，我們的宇宙和基本粒子有著密不可分的關係。我在前言也提過，觀看規模龐大的宇宙，和觀看規模極小的基本粒子是一樣的，我希望能讓讀者覺得這真是太不可思議！太快樂了！這個宇宙還真是有趣啊！哪怕只有一點，如果這本書的內容能讓各位感受到那種有趣之處，若能讓人在今後人生的某個時候，例如抬頭仰望天空時、看到宇宙或基本粒子的新聞時、一個人感到寂寞時，能盡情地思考關於宇宙和基本粒子的事，我就覺得很榮幸了。

在寫這本書的時候，有關宇宙的歷史、基本粒子的故事，以及觀測裝置等部分，我拜託了許多研究員幫我確認內容。

【給予協助的各位研究員】日本國立天文台 麻生洋一先生、東京大學 大林由尚先生（KAGRA）／東京大學 安東正樹先生（DECIGO）／千葉大學 石原安野小姐（IceCube）／東京大學 關谷洋之先生（超級神岡探測器）／京都大學 田島治先生、高能加速器研究機構 長谷川雅也先生（CMB觀測實驗）／山形大學 中森健之先生（CTA）／京都大學 中家剛先生（基本粒子所有部分）／加州大學柏克萊分校 野村泰紀先生（多重宇宙論）。

另外，還有幫忙協助設計角色的朋友青柳悠里小姐和樋山彩小姐；用在作者近照，做出超級神岡探測器羊毛氈娃娃的阿部真由美小姐；將前後不連貫的原稿完美地設計出來的小川純小姐；以及讓這本充滿個人興趣的書通過企劃的技術評論社佐藤丈樹先生。真的很感謝各位參與這本書。

從宇宙的誕生到結束，形成宇宙模樣的可愛基本粒子，以及決定基本粒子模樣的帥氣宇宙，就是這本書的故事。

2019年1月

秋本祐希

Profile

秋本祐希（Yuki Akimoto）

理學博士。
東京大學研究所理學系研究科博士學業修畢。
專業是基本粒子實驗。
目前主要從事的是設計相關的工作。另一方面，為了讓更多人喜歡上基本粒子，也有在經營用插畫和漫畫解說基本粒子物理學的網站「HiggsTan」。著作包括《宇宙までまるわかり！素粒子の世界》、《4コマでまるわかり！素粒子実験の世界》（皆為洋泉社出版）。
http://higgstan.com

看漫畫學宇宙知識！
宇宙的歷史與觀測
2019年10月1日初版第一刷發行

作　　者　秋本祐希
譯　　者　黃品玟
編　　輯　邱千容
美術編輯　竇元玉
發 行 人　南部裕
發 行 所　台灣東販股份有限公司
＜地址＞台北市南京東路4段130號2F-1
＜電話＞(02)2577-8878
＜傳真＞(02)2577-8896
＜網址＞http://www.tohan.com.tw
郵撥帳號　1405049-4
法律顧問　蕭雄淋律師
總 經 銷　聯合發行股份有限公司
＜電話＞(02)2917-8022

國家圖書館出版品預行編目資料

宇宙的歷史與觀測：看漫畫學宇宙知識!
/ 秋本祐希著；黃品玟譯. -- 初版. --
臺北市：臺灣東販, 2019.10
144面;14.8×21公分
ISBN 978-986-511-135-9(平裝)

1.宇宙 2.漫畫

323.9　　108014607